普通高等教育"十二五"规划教材

机械原理创新实践

任秀华　张　超　张　涵　等编著

孟宪举　主　审

机　械　工　业　出　版　社

《机械原理创新实践》是在机械类基础课程实验教学改革和普通高等学校教学实验示范中心建设的基础上编写而成的。本书力求在培养学生动手能力、机械设计创新能力、综合实践能力等方面有所突破。

《机械原理创新实践》按照机械类基础系列课程实验教学体系进行编写，目的是引导学生在机构认知的基础上，掌握机械原理实验的基本原理、基本技能和实验方法。本书基本上涵盖了目前普通工科院校开设的机械原理主要实验项目，主要包括：机构认知，机构运动简图测绘与分析，凸轮轮廓检测与从动件运动规律分析，渐开线齿廓的展成，渐开线直齿圆柱齿轮参数的测定，机构运动参数测定，机构测试、仿真及设计，刚性转子的平衡，机构运动创新设计等实验，并在章后附有实验报告。任课教师可根据不同专业的需求对书中所列实验项目进行选择。

《机械原理创新实践》主要作为高等院校机械类及近机类机械原理课程实验专用教材，也可供有关工程技术人员和科研人员参考。

图书在版编目（CIP）数据

机械原理创新实践/任秀华，张超，张涵等编著．—北京：机械工业出版社，2013.8（2023.12 重印）

普通高等教育“十二五”规划教材

ISBN 978-7-111-43051-3

Ⅰ.①机…　Ⅱ.①任…②张…③张…　Ⅲ.①机构学－高等学校－教材　Ⅳ.①TH111

中国版本图书馆 CIP 数据核字（2013）第 165983 号

机械工业出版社（北京市百万庄大街 22 号　邮政编码 100037）

策划编辑：舒　恬　责任编辑：舒　恬　杨　茜　冯　铗

版式设计：霍永明　责任校对：张　媛

封面设计：张　静　责任印制：邓　博

北京盛通数码印刷有限公司印刷

2023 年 12 月第 1 版第 7 次印刷

184mm×260mm · 9.5 印张 · 1 插页 · 219 千字

标准书号：ISBN 978-7-111-43051-3

定价：29.80 元

电话服务　　　　　　网络服务

客服电话：010-88361066　　机　工　官　网：www.cmpbook.com

010-88379833　　机　工　官　博：weibo.com/cmp1952

010-68326294　　金　　书　　网：www.golden-book.com

封底无防伪标均为盗版　　机工教育服务网：www.cmpedu.com

前　言

机械原理是培养学生具有机械基础知识及机械创新能力的一门技术基础课，为机械类和近机类各专业教学计划中的主干课程，在培养合格机械工程设计人才方面起着极其重要的作用。

本书系根据机械原理课程的实验教学基本要求，在总结高校近年来该课程实验教学改革经验的基础上编写而成的，目的是引导学生在巩固所学知识的基础上，掌握机械原理实验的基本原理、基本技能和实验方法，进一步培养学生的机械创新意识、工程实践能力及综合设计与分析能力。

本书包括九个实验项目，内容丰富，涉及面广。不仅介绍了目前高等工科院校普遍开设的基础型实验项目，还介绍了设计应用型、综合提高型和研究创新型等实验项目，以满足不同层次、不同专业实验教学的需求，同时采取必做、选做、开放实验等多种方式开设实验。

本书的主要特点是：

1. 概念准确、层次简明、内容规范，对每个实验的实验目的、设备、原理、内容、方法及步骤等阐述清晰，具有可读性和可操作性。

2. 为保证实验完成效果，在每个实验项目中编写了与该实验内容密切相关的预习作业，要求学生在实验前必须完成，否则不能参加实验。

3. 增加了实验小结，总结实验过程中容易出现的问题、注意事项及解决办法，以便及时发现问题、纠正错误。

4. 为进一步扩大学生的知识面，在每个实验项目中增加了“工程实践”内容，介绍了与实验相关的实际工程背景、典型工程应用实例等。

5. 实验报告格式完整、内容丰富。主要包括以下几点：

1）实验目的、实验设备及工具或实验方案设计。

2）实验结果包括实验条件、实验数据采集和处理、实验过程记录和分析、实验现象分析等。

3）实验引申问题的归纳与总结以及实验心得、建议等。

参加本书编写的有：山东建筑大学任秀华、张超、张涵、王旭、李乃根、徐楠，浙江吉利控股集团有限公司万法高。本书由山东建筑大学孟宪举教授精心审阅，并提出了许多宝贵的意见与建议。本书在编写过程中参考了其他同类教材、文献资料，同时也得到了参编单位的领导和老师的大力支持，在此一并深表感谢。

由于编者水平有限，书中难免有错误和不妥之处，敬请广大读者批评指正。

编　者

目录

第一章　机构认知实验

一、概述

机器是由各种各样的机构组成的。机构是机器的运动部分，即剔除了与运动无关的因素而抽象出来的运动模型。机械原理课程就是研究机构的课程，它以高等数学、普通物理、机械制图和理论力学等课程为基础。

机构认知实验将部分基本教学内容转移到实物模型陈列室进行教学，是机械原理的重要教学环节。通过机构认知，使学生了解常用机构的组成及其在实际机械中的应用情况，为后续课程的学习打下坚实的基础；增强学生对机构运动形式的感性认识，弥补空间想象力和形象思维能力的不足；加深对教学基本内容的理解；促进学生自学能力和独立思考能力的提高。此外，丰富的实物模型有助于学生扩大知识面，激发学习兴趣。

二、实验目的

1）了解常见机构的类型、结构特点、用途、基本原理以及运动特性，对机构有一个全面的感性认识。

2）了解机器的组成、运动原理和分析方法，使学生对机器总体由感性认识上升为理性认识。

3）培养对机械原理课程学习的兴趣。

三、实验设备

1）机械原理展示柜。如图 1-1 所示，它由数节展示柜组成，主要展示机器中常见的各类机构，介绍机构的结构形式和用途，演示机构的基本工作原理和运动特性。各柜的名称及内容见表 1-1。

表 1-1　机械原理展示柜各柜名称及内容

名　称	内　容
第 1 柜：前言	内燃机、蒸汽机、缝纫机、运动副
第 2 柜：平面连杆机构的基本形式	铰链四杆机构、单移动副机构、双移动副机构
第 3 柜：平面连杆机构的应用	机构运动简图、连杆机构应用
第 4 柜：凸轮机构的形式	盘形、移动、等宽、等径、圆锥、圆柱等凸轮
第 5 柜：齿轮传动的各种类型	平行轴传动、相交轴传动、交错轴传动
第 6 柜：渐开线齿轮参数	渐开线齿轮各部分名称、参数、渐开线形成、摆线形成
第 7 柜：轮系的基本形式	定轴轮系、周转轮系、周转轮系功用
第 8 柜：间歇运动机构	棘轮机构、槽轮机构、不完全齿轮机构、凸轮式间歇机构等
第 9 柜：组合机构	串联机构、并联机构、反馈机构、叠合组合
第 10 柜：空间连杆机构	空间四杆机构、空间五杆机构、空间六杆机构

图 1-1　机械原理展示柜

2）典型机构模型，如图 1-2 所示。

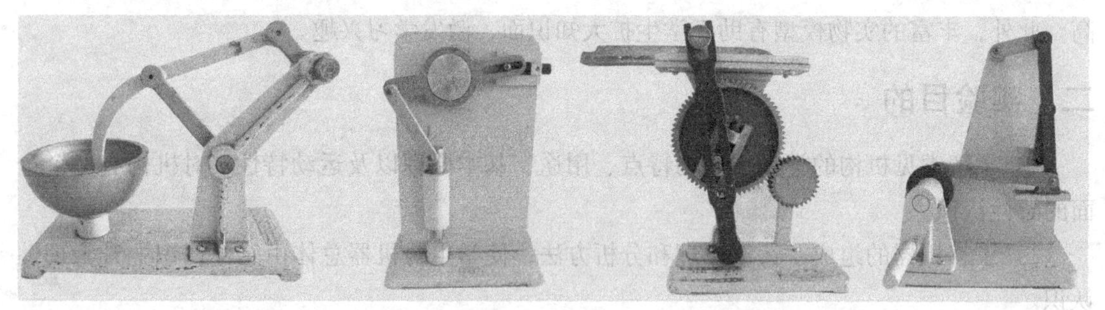

图 1-2　典型机构模型

四、实验方法

实验方法分为看（听）、议、答三个步骤。

1）看（听）。参观“机械原理展示柜”中的各种机器、机构，并听录音讲解。逐一仔细观察各展示柜内容，特别注意观察同一展柜中各个机构间有何异同。

2）议。对照内容要求及思考题分组进行讨论，某些问题可请老师答疑。

3）答。逐一回答思考题中的提问。

“机械原理展示柜”内容是按教材章节独立组柜的，实验中三个步骤也应按独立章节内容分别进行。

五、实验内容及要求

1. 了解机器、机构的组成及机构运动简图的表达

根据展示柜前言部分（见图 1-3），了解各种机器、机构的组成和运动，掌握机构的组成、基本工作原理及运动关系的表达方式。

如内燃机模型，通过曲柄滑块机构将燃气热能所控制的滑块的往复移动转换成曲柄转动

的机械能；采用四组曲柄滑块机构配合工作，以增加输出功率和运转平稳性；通过齿轮机构控制气缸的点火时间；通过凸轮机构控制气门的开启与关闭。又如家用缝纫机模型，通过曲柄滑块机构实现机针的上下运动；通过连杆机构和几组凸轮机构的组合实现钩线、挑线和送布动作，各个机构相互配合和协调，从而完成缝纫工作。

通过观察和分析各种机器、机构模型的运动情况，从而明确机器是由一个或多个机构按照一定的运动要求组合而成的。而机构是构件及运动副构成的。在表达机构的运动关系时，需要抛开构件的连接方式、复杂外形、截面尺寸等与运动无关的因素，从中抽象出其组成构件和构件间的运动副关系。熟悉和掌握各种机构的分析研究及表达方法，为机器的分析奠定基础。

2. 了解平面连杆机构的基本知识

根据展示柜平面连杆机构部分（见图1-4），了解平面连杆机构的常见类型及运动形式，熟悉其在实践中的应用情况。

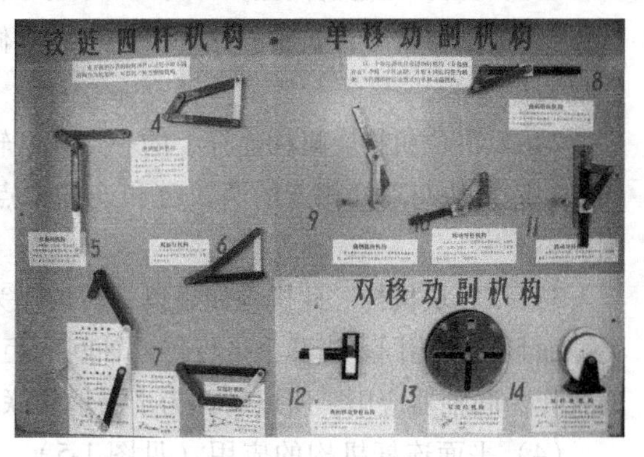

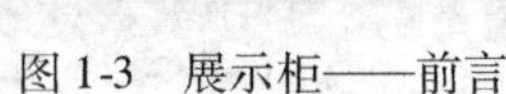

图1-3　展示柜——前言　　图1-4　展示柜——平面连杆机构

平面连杆机构是由若干个刚性构件用低副连接而成的，各构件均在相互平行的平面内运动。其主要特点是构件之间以面接触，故单位面积上压力小，结构简单，制造方便，寿命长，磨损小，便于润滑，属于低副机构。而四杆机构是由四个构件组成的平面连杆机构。四杆机构是平面连杆机构的基础，且应用最为广泛，故机械原理课程中主要介绍四杆机构。

（1）铰链四杆机构　运动副均为转动副的四杆机构称为铰链四杆机构。其中，固定构件称为机架，与机架相连的两构件称为连架杆，不与机架相连的构件称为连杆。若连架杆相对机架能旋转360°，则称其为曲柄，否则称为摇杆。连杆相对于机架一般做平面复杂运动，其上各点走出的轨迹各不相同。铰链四杆机构按连架杆的运动形式可分为以下几种：

1）曲柄摇杆机构。两连架杆中一个为曲柄，一个为摇杆的铰链四杆机构。在曲柄摇杆机构中，当曲柄以匀角速度转动时，从动摇杆做变速摆动；若四杆机构中，原动件匀速转动，而从动件往复运动的平均速度也不相同时，这种现象称为急回运动特性。

2）双曲柄机构。两连架杆均为曲柄的铰链四杆机构。在双曲柄机构中，当一个曲柄以匀角速度转动时，一般另一个曲柄为变速转动。双曲柄机构中，当相对两杆平行且长度相等时称为平行四边形机构，此时两曲柄同速同向转动，连杆做平动，连杆上任一点的轨迹均为圆，轨迹圆的半径与曲柄等长。当相对两杆长度相等但不平行时称为反平行四边形机构，此时两曲柄的转动方向相反。

3）双摇杆机构。两连架杆均为摇杆的铰链四杆机构。

(2) 单移动副四杆机构　含移动副的四杆机构可以认为是由铰链四杆机构演化而来的。其中含一个移动副的四杆机构称为单移动副四杆机构。

1）曲柄滑块机构。以移动副中导杆为机架的单移动副四杆机构。当曲柄匀速转动时，滑块可做变速的往复移动。滑块移动行程的大小由曲柄长度决定。

2）导杆机构。以与导杆铰接的构件为机架的单移动副四杆机构。若导杆能作整周转动，称为转动导杆机构；若导杆仅能在某一角度范围内摆动，称为摆动导杆机构。

3）曲柄摇块机构。曲柄摇块机构是以与滑块铰接的构件为机架的单移动副四杆机构。

4）定块机构。定块机构是以滑块为机架的单移动副四杆机构。

(3) 双移动副四杆机构　这类机构的基本形式是带有两个移动副的四连杆机构，简称双移动副机构。把它们倒置，可得到三种形式的四连杆机构：

1）曲柄移动导杆机构。这种机构的导杆做简谐移动，所以又叫做正弦机构，常用于仪器仪表。

2）双滑块机构。机构连杆上的一点，其轨迹为一椭圆，所以叫做画椭圆机构。在此机构上，除滑块与连杆相连的两铰链和连杆中点的轨迹为圆以外，其余所有点的轨迹均为椭圆。

3）双转块机构。此机构如果以一转块作为等速回转的原动件，则从动转块也做等速回转，而且转向相同。当两个平行传动轴间的距离很小时，可采用这种机构。因此，这种机构通常作为联轴器应用，所以又称为十字滑块联轴器。

(4) 平面连杆机构的应用（见图1-5）　应用主要是指观察实际机构模型的运动，分析其机构组成及工作原理和运动情况。如颚式破碎机，它由平面六杆机构组成，当原动曲柄匀速转动时，通过动颚板的往复摆动，实现矿石的压轧破碎。又如摄影平台升降机，它由平行四边形机构组成，摄影机工作台设在连杆上，从而保证工作台升降过程中始终保持水平位置。

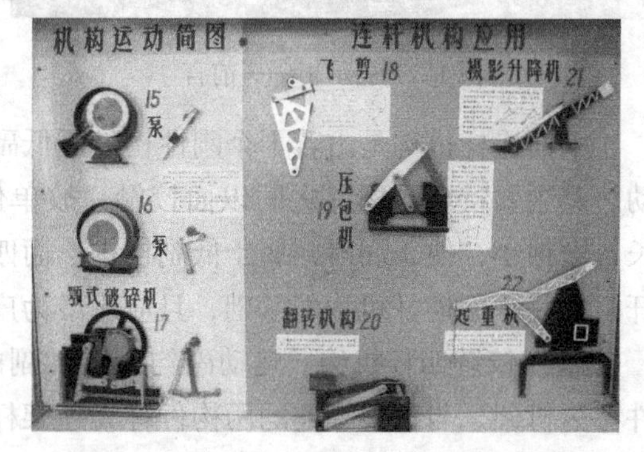

图1-5　展示柜——平面连杆机构的应用

诸如此类的平面连杆机构在人类丰富多彩的实践活动中到处可找到其应用的地方。做到学以致用，就必须抓住两点。一是“学”，就是要熟悉此类机构的类型和特点。二是“用”，就是要勤于观察周围各种实践活动中应用的机器、设备和装置，分析完成这些实践活动应具备的运动和传力特点，然后将两者结合在一起，就可不断熟悉和掌握这些机构的应用和特性。

3. 了解凸轮机构的基本知识

根据展示柜凸轮机构部分（见图1-6），了解凸轮机构的组成、常见类型及在实践中的应用。

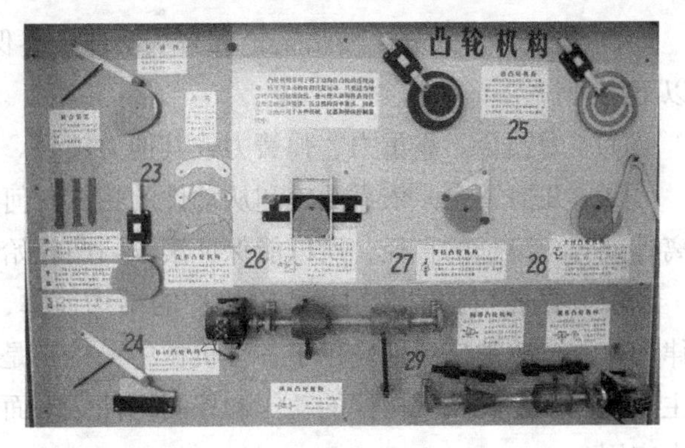

图 1-6　展示柜——凸轮机构

凸轮机构是由凸轮、从动件、机架等三个基本构件组成的平面运动机构。它常用来将原动件凸轮的连续回转运动转变为从动件的往复运动。它的主要特点是：由于凸轮是一个具有曲线轮廓的构件，只要适当地设计凸轮的轮廓线，该机构便可以实现从动件任意的运动规律。凸轮的廓形与从动件端部廓形间形成滚滑副，从动件在凸轮廓形的控制下运动，故凸轮属于高副机构。由于凸轮机构结构简单而紧凑，因此它广泛应用于各种机械、仪器和控制装置中。

（1）凸轮机构的类型　凸轮机构的类型很多，常用的分类方法有以下几种：

1）按凸轮的形状分。

① 盘形凸轮。凸轮形状如盘，具有变化的向径。当它绕固定轴转动时，可推动从动件在垂直于凸轮转轴的平面内运动，它是凸轮最基本的形式。

② 移动凸轮。这种凸轮形状如板，可看成是回转轴心位于无穷远处的盘形凸轮。当移动凸轮相对于机架做直线运动时，可推动从动件在同一运动平面内运动。

③ 圆柱凸轮。这种凸轮形状如圆柱，凸轮的轮廓曲线做在圆柱体上，可看作是将移动凸轮卷成圆柱体而成的。在这种凸轮机构中，凸轮与从动件之间的运动不在同一平面内，所以属于空间凸轮机构。

2）按从动件与凸轮接触处的结构形式分。

① 尖端从动件。尖端能与任意复杂的凸轮轮廓保持接触，使从动件实现任意预期的运动。但尖端从动件与凸轮轮廓的接触是点接触，接触应力很大，易产生磨损，所以很少使用，只适用于传力不大的低速凸轮机构。

② 滚子从动件。为克服尖端从动件的缺点，在从动件的尖端处安装一个滚子，即成滚子从动件。由于滚子与凸轮轮廓之间为滚动摩擦，摩擦磨损小，可以承受较大的载荷，所以是从动件中最常见的一种形式。但头部结构复杂，质量较大，不易润滑，故不宜用于高速。

③ 平底从动件。这种从动件与凸轮轮廓表面接触的端面为一平面，不能与凹陷的凸轮轮廓相接触。这种从动件的优点是：凸轮对从动件的作用力始终垂直于从动件的底边，受力平稳。凸轮与平底的接触面间易于形成油膜，利于润滑，传动效率较高，常用于高速凸轮机构中。

以上三种从动件都可以相对机架做往复直线运动，滚子从动件还可做往复摆动。

3）按从动件运动的形式分。

① 直动从动件。从动件做往复直线运动。若从动件导路通过盘形凸轮中心移动，称为对心直动从动件。若从动件导路不通过盘形凸轮回转中心，称为偏置直动从动件。从动件导路与凸轮回转中心的距离称为偏距，用 e 表示。

② 摆动从动件。从动件做往复摆动。

4）按锁合方式分。使凸轮轮廓与从动件始终保持接触，即为锁合。锁合的方式主要有以下两种：

① 力锁合。靠重力、弹簧力或其他力锁合。

② 几何锁合。依靠凸轮和从动件的特殊几何形状锁合。圆柱凸轮的凹槽两侧面间的距离处处等于滚子的直径，所以能保证滚子与凸轮始终接触，实现锁合。

（2）凸轮机构的应用　凸轮机构的结构简单，运动可靠，且能实现任意给定的运动规律和轨迹，故被广泛地应用于各种机械中，特别是在自动机械和自动控制装置中应用更广，主要应用于控制执行构件的动作和控制构件做平面运动时的轨迹和姿态。常在以下几种场合中应用：

1）用于控制执行构件动作。例如自动机床的进给机构应用的圆柱凸轮机构。当具有凹槽的圆柱凸轮回转时，通过嵌于凹槽中的滚子迫使从动件做往复摆动，从而控制刀架的进给和退刀。

2）用于实现点的轨迹。例如用靠模法车削手柄所用的移动凸轮机构。靠模凸轮轮廓形状的变化可推动滚子从动件移动，从而控制与滚子固结的车刀切削出复杂形状的手柄。

3）用于实现从动件的平面运动。例如平板印刷机上吸纸机构中应用的两个摆动凸轮机构。两凸轮固结在同一转轴上，与连杆机构组合可实现工作时吸纸盘要求的特定平面运动。

4）实现行程增大的凸轮机构。例如摆动从动件圆柱凸轮机构。可将不大的凸轮行程通过摆杆的杠杆作用进行扩大，从而减小凸轮机构尺寸。

4. 了解齿轮机构的基本知识

根据展示柜齿轮机构部分（见图1-7），了解齿轮机构的组成、常见类型和特点及运动形式，熟悉渐开线齿形的特点及主要参数。

（1）齿轮机构的组成　齿轮机构一般是由机架、主动齿轮和从动齿轮组成。两齿轮之间能形成多对滚滑副接触，从而能按接力传动的方式实现连续运动的传递。齿轮机构属于高副机构，用于两轴间运动和动力传递。

齿轮机构具有传动功率范围大、传动效率高、传动比恒定、承载能力大、精度高、寿命长、工作平稳可靠等优点，广泛应用于各种机械中。

图1-7　展示柜——齿轮机构

（2）齿轮机构的分类　齿轮机构类型很多，按照两传动轴线的相对位置不同分类如下：

1）平行轴齿轮传动。轴线平行的两齿轮传动时，其两齿轮做平面平行运动，属于平面齿轮机构。

按照轮齿形状的不同又可分为下述三种类型：

① 直齿圆柱齿轮机构。该机构的两个齿轮均为直齿圆柱齿轮。直齿轮轮齿的齿向与其轴线平行，按其啮合类型可分为：外啮合齿轮传动、内啮合齿轮传动、齿轮齿条啮合传动。

直齿圆柱齿轮机构是最简单、最基本的一种齿轮机构类型，研究齿轮机构时一般作为研究重点，找出齿轮传动的基本理论和规律，并以此作为研究其他类型齿轮机构的理论依据。

② 斜齿圆柱齿轮机构。它的轮齿沿螺旋线方向排列在圆柱体上，螺旋线方向有左旋和右旋之分。该机构的两个齿轮为相同大小螺旋角的斜齿圆柱齿轮。斜齿轮轮齿的齿向相对其轴线倾斜了一个角度（称为螺旋角），按其啮合类型斜齿轮机构也可分为：外啮合齿轮传动、内啮合齿轮传动、齿轮齿条啮合传动。斜齿圆柱齿轮机构比直齿圆柱齿轮机构传动平稳性好、承载能力高、噪声小，但是因轮齿倾斜会产生轴向力。

③ 人字齿轮机构。该机构的两个齿轮均为人字齿轮。人字齿轮可视为由左右两排完全对称的斜齿轮组合而成，其目的是使其轴向力相互抵消。人字齿轮传动常用于矿山、冶金等设备中的大功率传动。

2）相交轴齿轮传动。传递两相交轴之间的锥齿轮机构，属于空间齿轮机构。该机构的两个齿轮均为锥齿轮，锥齿轮的轮齿分布在一个截锥体上，两轴线的夹角 θ 可任意选择，分为直齿、斜齿和曲线齿三种类型。其中两轴垂直相交的直齿锥齿轮机构应用最广，斜齿锥齿轮机构很少应用，曲线齿锥齿轮机构适用于高度重载的场合。因轴线相交，两轴孔难以达到很高的相对位置精度，且其中一个齿轮需为悬臂安装，故锥齿轮机构的承载能力和传动精度都较圆柱齿轮机构低。

3）交错轴齿轮传动。传递交错轴运动和动力的齿轮机构，有以下几种形式：

① 螺旋齿轮机构。该机构实际上是由两个斜齿圆柱齿轮配对组成，在接触处两轮轮齿的斜向一致，两齿轮轮齿为点接触，且相对滑动速度较大，所以轮齿易磨损，效率低，不宜用作大功率和高速的传动。

② 螺旋齿轮齿条机构。它的特点与螺旋齿轮机构相似。

③ 圆柱蜗杆蜗轮机构。该机构多用于两轴的交错角为 90°的场合。其特点是传动平稳，噪声小，传动比大，一般单级传动比为 8 ~ 100，结构紧凑。

④ 弧面蜗杆蜗轮机构。弧面蜗杆的外形是圆弧回转体。蜗杆与蜗轮的接触齿数较多，降低了齿面的接触应力，其承载能力为普通圆柱蜗杆传动的 1.4 ~ 4 倍。但是制造复杂，装配条件要求较高。

（3）渐开线齿轮的参数及齿形（见图 1-8）

1）渐开线的形成。一条动直线沿一个圆周做纯滚动时，动直线上任一点 K 的轨迹，称为该圆的渐开线。这条动直线称为渐开线的发生线，这个圆称为渐开线的基圆。观察发生线、基圆、渐开线这三者的关系，从而可得到渐开线的一些性质：

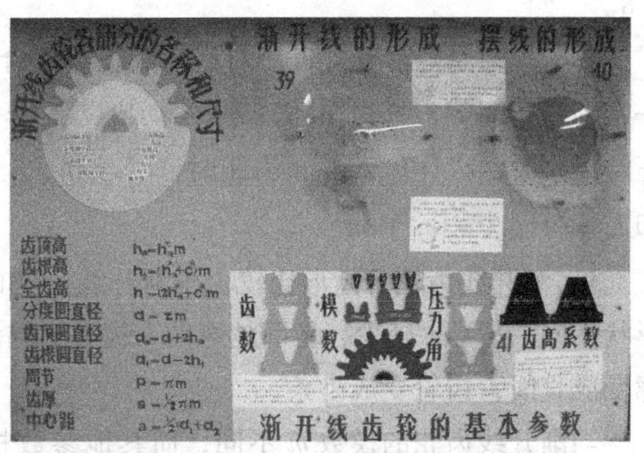

图 1-8　展示柜——渐开线齿轮参数

① 发生线沿基圆滚过的线段长度等于基圆上被滚过的相应圆弧长度。

② 渐开线上任意一点的法线恒与基圆相切。

③ 发生线与基圆的切点是渐开线上该点的曲率中心，而线段是渐开线在该点的曲率半径。

④ 渐开线上任一点的法线与该点速度方向之间所夹的锐角，称为该点的压力角。渐开线上不同点的压力角不等，越接近基圆部分压力角越小，在基圆上的压力角等于零。

⑤ 渐开线的形状取决于基圆的大小。基圆半径越大，其渐开线曲率半径也越大；当基圆半径为无穷大时，其渐开线就变成一条近似直线。

⑥ 基圆内无渐开线。

2）渐开线齿轮的基本参数。为定量地确定齿轮各部分的尺寸，需要规定若干个基本参数。对于标准齿轮，其基本参数有齿数、模数、压力角、齿顶高系数和顶隙系数。

① 齿数。以两条反向渐开线形成一个轮齿，沿齿轮整个圆周均匀分布的轮齿总数称为齿数，用 z 表示。若保持齿轮传动的中心距不变，增加齿数能增大重合度，改善传动的平稳性，减小模数，降低齿高，故可减少金属切削量，节约制造成本。齿高小还能减小滑动速变，从而减小磨损及胶合的危险性。但在这种情况下，轮齿弯曲强度变小。同时为防止根切，齿数应大于根切时的齿数，因而一般小齿轮齿数约为 20。

② 模数。为便于齿轮的设计、计算和检验，国家标准规定，作为基准的分度圆上齿距与 π 的比值应为标准值，称为齿轮的模数，用 m 表示。它是确定轮齿的周向尺寸、径向尺寸以及齿轮大小的一个参数，它又是齿轮强度计算的一个重要参数。模数的数列已标准化。

③ 压力角。在不计运动副中摩擦和构件质量的情况下，渐开线齿廓啮合点处所受正压力方向应为该点的法线方向，它与运动方向间所夹的锐角称为渐开线在该点的压力角，用 α 表示。同一渐开线齿廓上各点的压力角不同，越接近基圆压力角越小，基圆上的压力角为零。国家标准规定，渐开线齿廓分度圆上的压力角为标准值，$\alpha=20°$，并以此代表齿轮压力角。

④ 齿顶高系数。齿轮各部分尺寸均以模数为基数，齿顶高的尺寸也应与模数成正比，即 $h_a=h_a^* m$，式中 h_a^* 称为齿顶高系数。我国规定，正常齿制时，$h_a^*=1$；短齿制时，$h_a^*=0.8$。

⑤ 顶隙系数。为保证一对齿轮的正常啮合传动，一轮的齿顶与另一轮的齿根之间应有一定的径向间隙，称为顶隙，用 c 表示。规定 $c=c^* m$，式中 c^* 称为顶隙系数。我国规定，正常齿制时，$c^*=0.25$；短齿制时，$c^*=0.3$。由顶隙系数和齿顶高系数可确定齿根高 h_f，即 $h_f=(h_a^*+c^*)m$。

3）渐开线齿轮的齿形比较。当渐开线齿轮的齿数 z 不同，而其他参数相同时，其轮齿形状不同。齿数 z 越少，齿廓越弯曲；齿数 z 越多，齿廓越平直。当齿数 z 为无穷多时，齿廓变成直线，齿轮变成齿条。

当渐开线齿轮的模数 m 不同，而其他参数相同时，其轮齿大小不同。模数是确定齿轮所有周向尺寸和径向尺寸的基数，由轮齿的大小可以确定其模数的数值。

当渐开线齿轮的齿顶高系数不同，而其他参数相同时，其轮齿长短不同。国家标准规定了两种齿高制，即正常齿和短齿，其中正常齿高应用更广泛。

5. 了解轮系的基本知识

根据展示柜轮系部分（见图1-9），了解轮系的类型、运动关系及在实际机械中的功用。

实际机械中常采用一系列互相啮合的齿轮将主动轴和从动轴连接起来，这种多个齿轮组成的传动系统称为轮系。

（1）轮系的类型　根据轮系运动时其各轮轴线的位置是否固定，可将轮系分为以下三大类：

1）定轴轮系。当轮系运动时，其各轮轴线的位置相对于机架固定不动，这种轮系称为定轴轮系或普通轮系。

2）周转轮系。当轮系运动时，至少有一个齿轮的轴线绕另一齿轮的轴线转动，这种轮系称为周转轮系。周转轮系按其自由度的数目不同又分为两种类型：

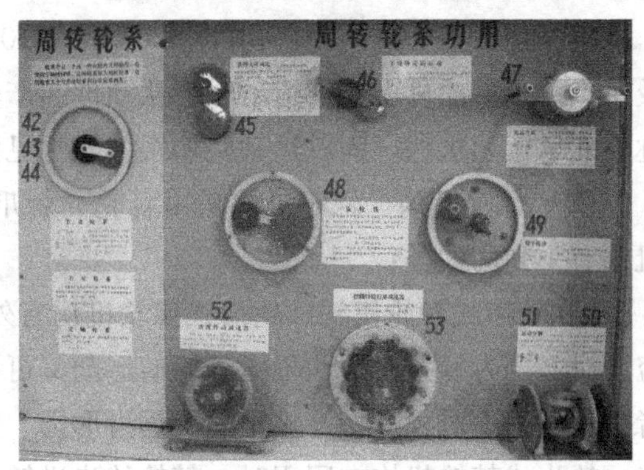

图1-9　展示柜——轮系

① 差动轮系。具有两个自由度的周转轮系。

② 行星轮系。具有一个自由度的周转轮系。

3）复合轮系。若轮系中既含有定轴轮系、又含有基本周转轮系，或者含有几个基本周转轮系时，则称该轮系为复合轮系。

（2）轮系的功用　轮系在实际机械设备中应用非常广泛，它的主要功用有以下几点：

1）实现大传动比传动。当两轴间需要较大的传动比时，可采用定轴轮系来实现。但多级齿轮传动会导致结构复杂。若采用行星轮系，则可以在使用较少齿轮的情况下，得到很大的传动比。

2）实现变速传动。在主动轴转速不变的情况下，利用轮系可使从动轴得到多种转速。利用定轴轮系中滑移齿轮控制不同齿轮对啮合，利用摩擦制动周转轮系中不同的太阳轮，均可实现输出轴运动速度的变化。轮系的这种功用广泛用于汽车、工程机械等各类变速器中。

3）实现换向传动。在主动轴转向不变的情况下，利用轮系可使从动轴转向改变。利用定轴轮系中的惰轮就可方便地改变从动轴运动方向。车床上进给丝杠的三星轮换向机构即是应用此原理进行换向的实例。

4）实现运动的合成。利用差动轮系可实现当给定两个基本构件运动的情况下，第三个基本构件的运动为另两个基本构件运动的合成。在机床、计算机构、补偿调节装置中广泛应用这种做合差运算的轮系。

5）实现运动的分解。利用差动轮系可实现将一个主动转动按可变的比例分解为两个从动转动。例如，汽车后桥差速器，可实现当汽车沿直线行驶时，左右两轮转速相等；当汽车转弯时，根据转弯半径的大小，实现左右两轮不同的转速。

6）实现结构紧凑的大功率传动。利用含多个均匀分布行星轮的周转轮系传输动力，可极大地提高承载能力，增加运动的平稳性，但齿轮的尺寸却较小，同时行星轮公转产生的惯性力也得到了相应的平衡。该轮系广泛应用于各种航空发动机主减速器中。

7）实现相距较远的两轴间传动。当输入轴与输出轴相距较远而需用齿轮传动时，如果只用一对齿轮传动，则两轮尺寸会很大；若采用轮系传动，可以使结构紧凑，从而达到节约材料、减轻机器质量等目的。

6. 了解间歇运动机构的基本知识

根据展示柜间歇运动机构部分（见图1-10），了解常用间歇运动机构的类型、工作原理及特点。当主动件做连续运动时，从动件间产生单向的、时动时停的间歇运动，这样的机构称为间歇运动机构。间歇运动机构很多，常见的有以下几种：

（1）棘轮机构　棘轮机构是由棘轮、棘爪及机架等组成。按照结构特点，常用的棘轮机构有下列两大类：

1）轮齿式棘轮机构。轮齿式棘轮机构有外啮合、内啮合两种形式。当棘轮的直径为无穷大时，变为棘条机构。根据棘轮的运动又可分为：单向式棘轮机构和双向式棘轮机构。前者采用的是不对称齿形，常用的有锯齿形齿、直线形三角齿及圆弧形齿；后者一般采用矩形齿。轮齿式棘轮机构在回程时，棘轮的步进转角较小，若要调节，需改变棘爪的摆角或改变拨过棘轮齿数的多少，从而改变棘轮转角的大小。

轮齿式棘轮机构运动可靠、结构简单，从动棘轮的转角容易实现有级调节。但在工作过程中有噪声和冲击，易磨损，在高速时尤其严重，所以常用在低速、轻载下实现间歇运动的场合。棘轮机构常用于实现转位运动、快速超越运动及在起重、绞盘等机械装置中用于使提升的重物能停止在任何位置上，以防止由于停电等原因造成事故。

2）摩擦式棘轮机构。摩擦式棘轮机构与轮齿式棘轮机构的工作原理相同，只不过用偏心扇形块代替棘爪，用摩擦轮代替棘轮。摩擦式棘轮机构传递运动比较平稳，无噪声，从动构件的转角可作无级调节，常用来做超越离合器，在各种机构中实现进给或传递运动。但运动准确性差，不宜用于运动精度要求高的场合。

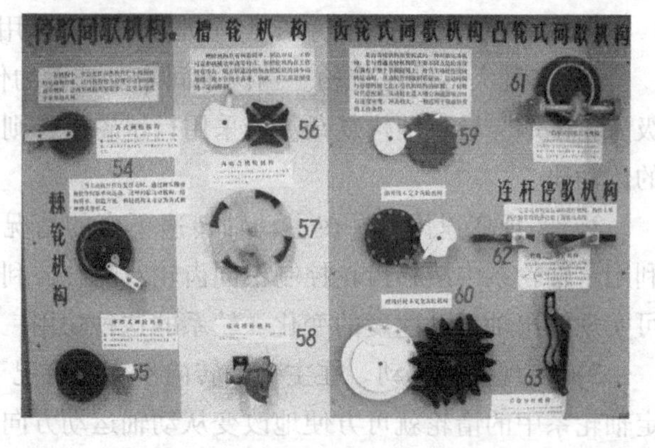

图1-10　展示柜——间歇运动机构

（2）槽轮机构　槽轮机构是由具有径向槽的槽轮和具有圆销的构件以及机架所组成。平面槽轮机构有两种形式：一种是外啮合槽轮机构，其槽轮上径向槽的开口是自圆心向外的，主动构件与槽轮转向相反，是应用最广泛的一种间歇机构；另一种是内啮合槽轮机构，其槽轮上径向槽的开口是向着圆心的，主动构件与槽轮转向相同。这两种槽轮机构都用于传递平行轴的运动。

槽轮机构结构简单、制造容易、工作可靠、机械效率高，在进入和脱离啮合时运动较平稳，能准确地控制转动的角度。但槽轮的转角大小不能调节，而且在槽轮转动的始、末位置加速度变化较大，所以有冲击。槽轮机构一般应用在转速不高和要求间歇转动的装置中。

（3）不完全齿轮机构　不完全齿轮机构是由齿轮机构演变而成的。主动轮上有一个或一部分齿，从动轮上有均匀分布的一组组与主动轮齿相对应的齿槽。齿轮上轮齿数的不同可实现不同的运动时间和停歇时间。

不完全齿轮机构结构简单，制造容易，工作可靠，运动时间与停歇时间之比可在较大范围内变化。但从动件在进入啮合和脱离啮合时有速度突变，冲击较大。一般适用于低速、轻载的工作条件。

（4）凸轮式间歇机构　凸轮式间歇运动机构由主动凸轮、从动盘及机架组成。利用凸轮与转位拨销的相互作用，可实现将凸轮连续转动转换为从动盘的间歇运动。

凸轮式间歇机构工作平稳、结构简单、运转可靠，无刚性冲击和柔性冲击，适用于高速间歇传动。同时可获得较高的走位精度。但是对装配、调整要求高，加工成本高。

（5）具有间歇运动的平面连杆机构

1）具有间歇运动的曲柄连杆机构。它是利用主动连杆上某点所描绘的一段圆弧轨迹，然后将从动连杆与此点相连，取其长度等于圆弧半径的曲柄连杆机构，这样，当每一循环主动连杆运动到此段圆弧时，从动滑块就停歇。

2）具有间歇运动的导杆机构。这是一种在导杆槽中线的某一部分用圆弧做成的导杆机构，其圆弧半径等于曲柄的长度。

7. 了解组合机构的基本知识

根据展示柜组合机构部分（见图1-11），了解组合机构的组合方式、运动特点及功用。

组合机构是由几个基本机构组合而成的。基本机构所能实现的运动规律或轨迹，都具有一定的局限性，无法满足多方面的要求。因此通过变异可以期望得到更多的运动特性，扩大了应用范围。但有限的构件和运动副组成的机构，毕竟只能满足有限的运动要求，对于更复杂的运动要求则可以通过基本机构及其变异机构适当的组合来实现。

组合机构的组合方式有很多，下面介绍常见的几种机构。

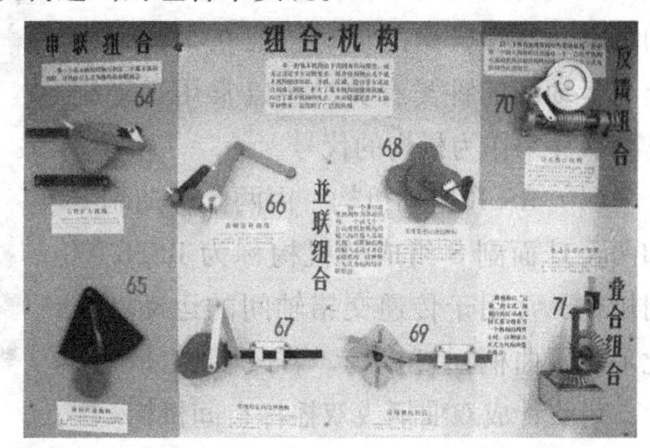

图1-11　展示柜——组合机构

（1）行程扩大机构　它由连杆机构与齿轮机构串联组合而成，此机构中滑块与扇形齿轮相连，通过扇形齿轮的往复摆动扩大了滑块的行程。机构中扇形齿轮上的指针行程大于滑块行程。

（2）换向传动机构　它由凸轮机构和齿轮机构串联而成。在此采用了逆凸轮，只要设计不同的凸轮轮廓线，就可得到不同的输出运动规律。而且从动件还有急回特征。

（3）齿轮连杆曲线机构　这是由齿轮和连杆组成的齿轮连杆曲线机构，可实现较复杂的运动规律。其轨迹的形状取决于连杆机构的尺寸和齿轮的传动比。这种轨迹不是单纯的连杆曲线，也不是单纯的摆线，因此称它为齿轮连杆曲线。它比连杆曲线更复杂更多样化。

（4）实现给定运动轨迹的机构　它由凸轮机构和连杆机构并联而成，选取一个二自由度的五连杆机构，然后根据给定的轨迹设计凸轮廓线。这种组合机构设计方法比较容易，因此被广泛采用。

（5）变速运动机构　变速运动机构由凸轮机构和差动轮系组成。凸轮的摆杆设在行星轮上，当轮系的转臂旋转时，摆杆沿凸轮表面滑动使行星轮产生附加的绕自身轴线的转动，这样太阳轮的运动为两个旋转运动的合成；若主动轴等速旋转，改变凸轮轮廓，则可得到从动件极其多样的运动规律。

（6）同轴槽轮机构　曲柄主动，连杆上圆销拨动槽轮转动，槽轮转动结束后，滑块的一端进入槽轮的径向槽内，将槽轮可靠地锁住。这个机构的特点是槽轮起动时无冲击，从而改善了槽轮机构的动力特性，提高了槽轮的旋转速度。

（7）误差校正装置　它是精密滚齿机的分度校正机构。当蜗杆副精度达不到要求时，可设计这套校正机构。这里采用了凸轮机构，凸轮与蜗轮同轴，凸轮转动便推动摆杆去拨动蜗杆轴向移动，这时蜗轮得到了一个附加运动，从而校正了蜗轮的转动误差。

（8）电动马游艺装置　采用了锥齿轮和曲柄摇块机构。曲柄摇块机构完成马的高低位置和马的俯仰动作，而锥齿轮起运载作用的同时完成了马的前进动作，这三个运动合成后，马就显示了飞奔前进的生动形象。

8. 了解空间连杆机构基本知识

根据展示柜空间连杆机构部分（见图 1-12），了解空间连杆机构的运动特点及应用。

在连杆机构中，如果各构件不都相对于某一参考平面作平面平行运动，则称为空间连杆机构。空间连杆机构所能实现的运动远比平面连杆机构复杂多样，常用于传递不平行轴间的运动，使从动件得到预期的运动规律或轨迹，已在轻工、纺织、航空、仪表、冶金、农业机械和机器人等领域获得了比较广泛的应用。

空间连杆机构中的四杆机构是最常见的。空间连杆机构的运动特征在很大程度上与运动副的种类有关，所以常用运动副排列次序来作为机构的代号。

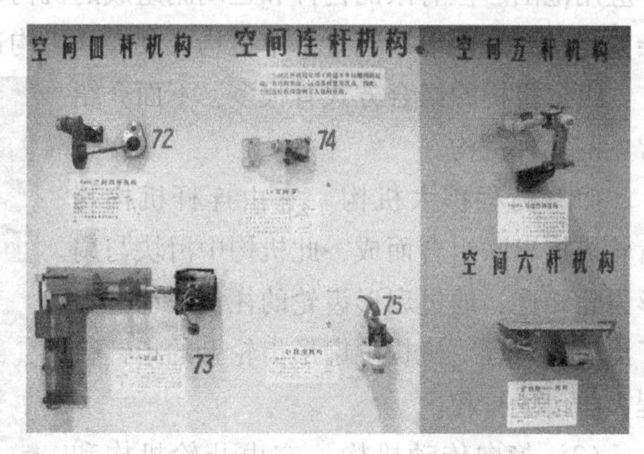

图 1-12　展示柜——空间连杆机构

（1）RSSR 空间机构　由两个转动副 R 和两个球面副 S 组成的机构称为 RSSR 空间机构，常用于传递交错轴间的运动。在此采用了曲柄摇杆机构。若改变构件的尺寸，可设计成双曲柄或双摇杆空间机构。

（2）RCCR 联轴器　此联轴器是由两个转动副和两个圆柱副所组成的一种特殊空间四杆机构，一般用于传递夹角 90°的两相交轴间的传动。在实际应用中，连接两转盘的连杆可采用多根，以改善传力状况。此机构常被应用在仪表的传动机构中。

（3）万向联轴器　它有四个转动副且转动副的轴线都汇交于一点，因此，具有球面机构的结构特点，可用来传递相交轴之间的转动。两轴的夹角可在 0° ~ 40°内选取。它也是一种最常见的球面四杆机构，两轴的中间连杆常制成受力状态较好的盘状或十字架形状，而两轴端则制成叉状。一个万向联轴器传动时，主动轴与从动轴之间的转速是不等的；若采用双万向联轴器时，可得到主动轴与从动轴之间相等速度的传动。

（4）4R揉面机　空间机构中连杆的运动比平面机构复杂多样，因此空间机构适宜在搅拌机中应用。在这个4R揉面机中，连杆的摇晃运动和连杆端部的轨迹，再配合其不断转动，从而达到了揉面的目的。

（5）角度传动机构　该机构含有一个球面副和四个转动副，属于空间五杆机构。其特点是输入轴与输出轴的空间位置可任意安排。此机构也是一种联轴器，当球面两侧的构件采取对称布置时，可使两轴获得相同转速。

（6）萨勒特机构　萨勒特机构用于产生平行位移，系一个空间六杆机构，其中一组构件的平行轴线通常垂直于另一组构件的轴线，当主动构件做往复摆动时，机构中顶板相对固定底板做平行上下移动。

六、注意事项

1）不要用手人为地拨动构件。

2）不要随意按动控制面板上的按钮。

3）遵守实验室规则，规范操作，注意安全。

实验报告一

实验名称：________ 实验日期：________

班级：________ 姓名：________

学号：________ 同组实验者：________

实验成绩：________ 指导教师：________

（一）实验目的

（二）思考问答题

1. 序言

1）单缸汽油机由哪些机构组成?

2）蒸汽机由哪些机构组成？其基本工作原理是怎样的?

3）缝纫机由哪些机构组成?

4）在单缸汽油机、蒸汽机、缝纫机中找出两种低副、两种高副、两种转动副、两种移动副。

2. 平面连杆机构的分类

1）画出曲柄摇杆机构示意图，说明急回特性是指哪个构件在什么行程中存在急回？急回大小与机构的什么参数有关?

2）双曲柄机构在什么条件下有急回特性？什么条件下无急回特性?

3）双曲柄机构有无死点位置？为什么?

4）双摇杆机构中连杆做什么运动？两个摇杆的摆角是否相同?

5）铰链四杆机构三种基本类型的区别是什么?

6）将铰链四杆机构作何种演变，使之转化为曲柄滑块机构？曲柄滑块机构有无急回特性?

7）将曲柄滑块机构作何种演变，使之转化为曲柄摇块机构?

8）转动导杆机构和摆动导杆机构有什么区别?

9）移动导杆机构中有无曲柄？常用于哪些地方?

10）何谓单移动副机构？何谓双移动副机构？双移动副机构是如何演化而来的?

11）曲柄移动导杆机构为什么又称正弦机构?

12）双滑块机构为什么又称为“椭圆机构”？何谓连杆曲线?

13）双转块机构与双滑块机构相比有何区别？双转块机构的典型用途是什么?

3. 平面连杆机构的应用

1）颚式破碎机由哪些构件组成？在连接各构件时用了哪些运动副？具有哪些连杆机构特性?

2）“飞剪”采用了什么机构？如何保证上下刃口水平分速度相等且等于带钢运行速度，刃具行走的垂直位移等于带钢的厚度？

3）压包机所采用的机构由几个构件组成？滑块（机器的压块）在完成每次压包时有停歇时间以便进行上下料工作，机构如何满足这一要求？

4）翻转机构采用了什么机构？如何满足造型与取模两个特殊工艺位置的要求？

5）电影摄影升降机采用的是什么机构？如何满足工作台在升降过程中始终保持水平位置这一要求？

6）港口起重机采用的是什么机构？如何满足起重机吊钩的运动轨迹为直线这一要求？

4. 凸轮机构

1）说明凸轮机构的特点及其组成，并以盘形凸轮为例说明凸轮各组成部分的名称。

2）分别按凸轮的形状、从动件运动形式、凸轮机构锁合方式说明凸轮机构的分类。

3）移动凸轮机构的凸轮轮廓是怎样形成的？举例说明移动凸轮机构的应用。

4）槽凸轮机构采用哪种锁合方式？对从动件运动规律有没有限制？对从动件的结构有何要求？

5）采用哪种结构的凸轮可实现凸轮旋转两周，从动件完成一个运动循环？

6）等宽凸轮机构具有何种运动特性？对从动件的运动规律有没有限制？

7）等径凸轮机构具有何种运动特性？对从动件的运动规律有没有限制？

8）空间凸轮机构为什么被称为“空间”？空间凸轮机构是根据什么分类命名的？

5. 齿轮机构的类型

1）平行轴传动的齿轮按啮合方式分为哪几种？按轮齿排列方向分为哪几种？

2）外啮合直齿圆柱齿轮与内啮合直齿圆柱齿轮的区别何在？如不考虑转动方向的要求，采用哪种齿轮更好？为什么？

3）齿轮齿条机构是怎样形成的？与圆柱齿轮机构相比，突出特点是什么？

4）斜齿圆柱齿轮机构与直齿圆柱齿轮机构相比有何优缺点？怎样判断齿轮轮齿的左旋和右旋？

5）人字齿圆柱齿轮的结构怎样？与单独的斜齿轮有何联系与区别？一般用于什么场合？

6）若实现两轴相交的传动可采用哪种齿轮？锥齿轮传动的两轮夹角一般是多少？为什么锥齿轮传动的承载能力和工作速度较圆柱齿轮要低？

7）直齿锥齿轮机构和曲线锥齿轮机构有何区别？各用于什么场合？

8）相错轴齿轮传动包括哪些类型？

9）螺旋齿轮机构与斜齿轮机构有何区别？其传动特点有哪些？这种齿轮传动如何来调整中心距？如何改变从动轮的转向？

10）螺旋齿轮齿条机构的传动性能与螺旋齿轮是否相同？是否和齿轮齿条传动一样能实现转动与移动的相互转换？是否也可借助改变螺旋角的方向来改变从动轮的转向？两轴相错角的大小影响其传动效率的高低吗？

11）圆柱蜗杆蜗轮机构两轴夹角一般为多少？其传动的最大优点和缺点分别是什么？传动效率较低及齿面磨损较大的主要原因是什么？

12）在弧面蜗杆蜗轮机构中，蜗杆的圆弧回转面较圆柱回转面有何优点？其承载能力较普通圆柱蜗杆传动高吗？

6. 渐开线齿轮参数

1）齿轮的齿距、齿厚、齿槽宽有何关系？从齿顶到齿根各部位的模数是否为同一值？模数的物理意义是什么？

2）发生线、基圆和渐开线三者有何关系？简述渐开线的性质。

3）不同齿数齿轮的齿形有何差异？对齿轮的实际应用有哪些影响？

4）不同模数齿轮的齿形有何差异？对齿轮的实际应用有哪些影响？

5）不同压力角齿轮的齿形有何差异？对齿轮的实际应用有哪些影响？

6）不同齿高系数齿轮的齿形有何差异？对齿轮的实际应用有哪些影响？国家标准中对齿高系数有何规定？

7. 轮系

1）何谓周转轮系？周转轮系中的差动轮系、行星轮系是如何定义的？彼此间又是如何转换的？

2）定轴轮系是怎样定义的？

3）如何利用周转轮系获得大的传动比？

4）要使行星轮系中行星轮作平动，轮系的结构怎样确定？

5）将两个运动合成一个运动，可采用哪种轮系？轮系的这种特性在实际中有何用途？

6）用于大功率传递的减速器一般采用哪种轮系？这种减速器有何优点？

7）差动轮系有什么特性？举例说明这种特性的应用。

8. 间歇运动机构

1）棘轮机构为什么能实现停歇和间歇运动？有哪几种形式？

2）齿式棘轮机构由哪些构件组成？有何特点？棘轮转角能否可调？

3）摩擦式棘轮机构由哪些构件组成？有何特点？棘轮转角能否可调？

4）槽轮机构为什么能实现停歇和间歇运动？有哪几种形式？

5）外啮合槽轮机构与内啮合槽轮机构有何区别？什么情况下用内啮合槽轮机构？

6）齿轮式间歇机构与普通齿轮机构有何区别？为什么能实现停歇和间歇运动？有哪几种形式？

7）凸轮式间歇机构是如何实现间歇运动的？有何特点？用于何种场合？

8）连杆停歇机构是如何实现停歇运动的？都有哪些类型？

9）说明停歇曲柄连杆机构的结构特点。该机构怎样实现停歇运动？

10）说明停歇导杆机构的结构特点。该机构怎样实现停歇运动？

9. 组合机构

1）用哪些方法可将多个单一基本机构合成一组合机构？组合机构是否具备原来各单一基本机构的特性？

2）行程扩大机构由哪几个基本机构组成？各机构间是用什么方法连接的？该机构有什么特点？

3）换向传动机构由哪几个基本机构组成？各机构间是用什么方法连接的？该机构有什么特点？

4）齿轮连杆曲线机构由哪几个基本机构组成？采用齿轮连杆机构是否可实现复杂的运动轨迹？

5）实现给定轨迹的机构由哪几个基本机构组成？如何实现给定轨迹？若采用其他机构组合可否实现给定的运动轨迹？

6）实现变速运动的机构由哪几个基本机构组成？各机构间是用什么方法连接的？从动件运动规律是如何实现的？

7）同轴槽轮机构由哪几个基本机构组成？与单一槽轮机构相比有何优点？

8）误差校正机构由哪几个基本机构组成？蜗轮的传动误差是如何校正的？

9）电动马游艺装置中“马”的飞奔前进的形象是如何实现的？这对你进行机械设计有何启示？

10. 空间连杆机构

1）空间连杆机构有哪些特点？用于哪些场合？

2）空间连杆机构的运动特性主要取决于机构的哪些部分？其机构代号如何确定？

3）说明 RSSR 空间四杆机构的组成构件和运动副种类。这些种类都用于何种场合？若改变构件尺寸，可转换到其他机构吗？

4）说明 RCCR 联轴器的组成构件和运动副种类。用于何种场合？如何改变受力情况？

5）说明 4R 万向联轴器的组成构件和运动副种类。用于何种场合？如何保证主动轴与从动轴具有相同的转速？

6）说明 4R 揉面机构的组成构件和运动副种类。如何实现揉面运动？

7）说明 RRSRR 角度传动机构的组成构件和运动副种类。如何保证主动轴与从动轴具有相同的转速？

8）说明萨勒特机构的组成构件和运动副种类。如何保证顶板的相对上下平移？

（三）实验心得、建议和探索

第二章　机构运动简图测绘与分析实验

一、概述

机构是具有确定运动的实物组合体。分析机构的组成可知，任何机构都是由许多构件通过运动副的连接而构成的。

1. 运动副

机构都是由构件组合而成的，其中每个构件都以一定的方式与另一个构件相连接，这种连接既使两个构件直接接触，又使两个构件能产生一定的相对运动。每两个构件间的这种直接接触并能产生一定相对运动的连接称为运动副。构成运动副的两个构件间的接触不外乎点、线、面三种形式，两个构件上参与接触而构成运动副的点、线、面的部分称为运动副元素。

构件所具有的独立运动的数目称为构件的自由度。平面内一个构件在未与其他构件连接前，可产生 3 个独立运动，也就是说具有 3 个自由度。常用平面运动副的表示方法如表 2-1 所示。

运动副有多种分类方法。

（1）按运动副的接触形式分类　面与面接触的运动副称为低副，如移动副、转动副（回转副）；点与线接触的运动副称为高副，如凸轮副、齿轮副。

（2）按相对运动的形式分类　构成运动副的两构件之间的相对运动若为平面运动，则称为平面运动副；两构件之间只做相对转动的运动副，称为转动副或回转副；两构件之间只做相对移动的运动副，则称为移动副等。

（3）按运动副引入的约束数分类　引入 1 个约束的运动副称为 1 级副，引入 2 个约束的运动副称为 2 级副，以此类推，还有 3 级副、4 级副、5 级副。

（4）按接触部分的几何形状分类　根据组成运动副的两构件在接触部分的几何形状，可分为圆柱副、平面与平面副、球面副、螺旋副、球面与平面副、球面与圆柱副、圆柱与平面副等。

表 2-1　常用的平面运动副

名称	代表符号	
	两运动构件构成的运动副	两构件之一为固定件时构成的运动副
转动副		

（续）

<table>
<tr><td rowspan="2">名称</td><td colspan="6">代表符号</td></tr>
<tr><td colspan="3">两运动构件构成的运动副</td><td colspan="3">两构件之一为固定件时构成的运动副</td></tr>
<tr><td>移动副</td><td colspan="3"></td><td colspan="3"></td></tr>
<tr><td rowspan="2">凸轮机构</td><td colspan="2">尖顶从动杆</td><td colspan="2">滚子从动杆</td><td colspan="2">平底从动杆</td></tr>
<tr><td colspan="2"></td><td colspan="2"></td><td colspan="2"></td></tr>
<tr><td rowspan="2">齿轮机构</td><td colspan="2">外啮合</td><td colspan="2">内啮合</td><td colspan="2">齿轮齿条啮合</td></tr>
<tr><td colspan="2"></td><td colspan="2"></td><td colspan="2"></td></tr>
<tr><td>其他形式高副</td><td colspan="3"></td><td colspan="3"></td></tr>
</table>

2. 运动链

两个以上构件通过运动副连接而构成的系统称为运动链。

3. 自由度的计算

自由度的计算取决于运动链活动构件的数目、连接各构件的运动副的类型和数目。

平面机构其自由度为

$$F = 3n - 2P_{L} - P_{H}$$

式中　F——机构自由度数；

n——活动构件数；

P_L——平面低副数目；

P_H——平面高副数目。

4. 机构运动简图

无论是对现有机构进行分析、构思新机械的运动方案，还是对组成机械的各机构做进一步的运动及动力设计与分析，都需要一种表示机构的简明图形。从原理方案设计的角度看，机构能否实现预定的运动和功能，是由原动件的运动规律、连接各构件的运动副类型和机构的运动尺寸（即各运动副间的相对位置尺寸）来决定的，而与构件及运动副的具体外形(高副机构的轮廓形状除外)、断面尺寸、组成构件的零件数目及方式等无关。因此，可用国家标准规定的简单符号和线条代表运动副和构件，并按一定的比例表示机构的运动尺寸，绘制出表示机构的简明图形。这种图形称为机构运动简图，它完全能表达机构的组成和运动特性。机构运动简图是一种用简单的线条和符号来表示工程图形的语言，要求能够描述出各机构相互传动的路线、运动副的种类和数目、构件的数目等。掌握机构运动简图的绘制方法是工程技术人员进行机构设计、机构分析、方案讨论和交流所必需的。

二、预习作业

1. 机构运动简图中，移动副、转动副、齿轮副及凸轮副各应怎样表示？

2. 什么是机构运动简图？什么是机构示意图？

3. 绘制机构运动简图时，应如何选择长度比例尺和视图平面？

4. 什么是复合铰链、局部自由度和虚约束？

5. 机构具有确定运动的条件是什么？

三、实验目的

1）对运动副、零件、构件及机构等概念建立实感。

2）熟悉并运用各种运动副、构件及机构的代表符号。

3）学会根据实际机械或模型的结构测绘机构运动简图，掌握机构运动简图测绘的基本方法、步骤和注意事项。

4）验证和巩固机构自由度计算方法和机构运动是否确定的判定方法。

5）培养对机构和简单机械的认知能力，加深对机构组成原理及其结构分析的理解。

四、实验设备和用具

1）各种机构和机器的实物或模型。

2）钢卷尺、钢直尺、内外卡钳、量角器（根据需要选用）。

3）自备直尺、圆规、铅笔、橡皮、草稿纸等。

五、实验方法及步骤

1）了解待绘制机器或模型的结构、名称及功用，认清机械的原动件、传动系统和工作执行构件。

2）缓慢转动模型手柄使机构运动，细心观察运动在构件间的传递情况，从原动件开始，分清各个运动单元，确定组成机构的构件数目。

3）根据相连接的两构件间的接触情况和相对运动特点，分别判定机构中运动副种类、个数和相对位置。

4）取与大多数构件的运动平面相平行的平面为视图投影平面，将机构转至各构件没有相互重叠的位置，以便简单清楚地将机构中每个构件的运动情况正确地表达出来。

5）在草稿纸上按照从原动件开始的各构件连接次序，用规定的运动副符号和简单的构件线条画出机构示意图。

6）仔细测量实际机构中两运动副之间的长度尺寸和相互位置（如：两转动副之间的距离，移动副导路的位置等），对于高副机构应仔细测量出高副的轮廓曲线及其位置；然后选取适当比例尺 μ_l，将草稿纸上的机构示意图在实验报告上按比例画出

$$\mu_l = \frac{\text{实际长度(mm)}}{\text{图示长度(mm)}}$$

7）用数字1、2、3…标注构件序号和字母 A、B、C…表达各运动副，并在原动件上用箭头标出其运动方向，完成机构运动简图的绘制。

8）计算机构的自由度，判断被测机构运动是否确定，并与实际模型或实物相对照，观察是否相符。在计算时要注意机构中出现的复合铰链、局部自由度、虚约束等特殊情况。应特别指明；若计算的机构自由度与实际机构的运动确定情况矛盾时，说明简图或计算有错，应找出错误原因，并加以纠正。

六、举例

下面以图2-1所示的偏心轮机构为例来简要说明机构运动简图的绘制方法。

1）使机构缓慢运动，根据各构件之间有无相对运动，分析机构的组成、动作原理和运动情况。该偏心轮机构由4个构件组成，原动构件偏心轮1绕固定轴心A连续回转带动连杆2做复合平面运动，从而推动滑块3沿固定导轨4做往复运动。由此可知，导轨4和构件1、构件1和连杆2、连杆2和滑块3都做相对转动，回转中心分别在各自的转动轴心A、B和C点上，滑块3和导轨4做相对移动，移动轴线为AC。

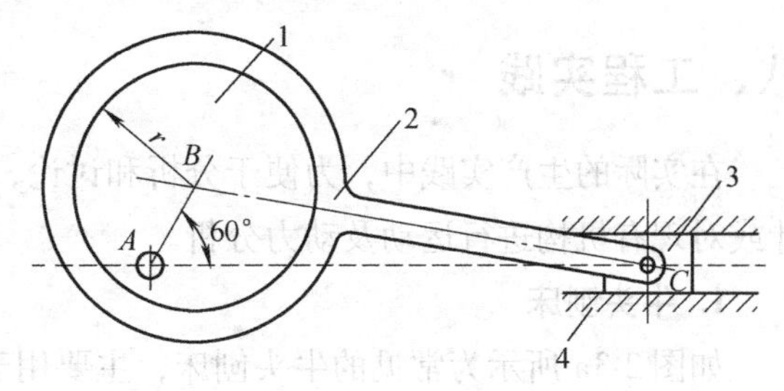

图2-1　偏心轮机构

1—偏心轮　2—连杆　3—滑块　4—导轨

2）选择视图平面，选定机构某一瞬时的位置，如选图2-1所示位置（$\theta=60°$）。在适当位置画出偏心轮1与固定导轨4构成的转动副A。

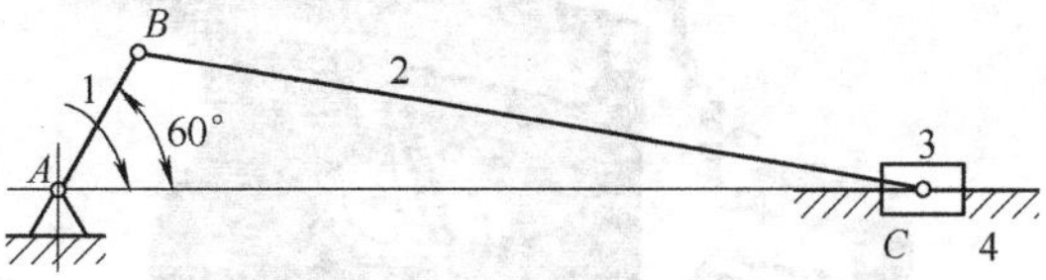

图2-2　偏心轮机构的运动简图

3）测量各回转副中心之间的距离和移动导轨的相对位置尺寸，即l_{AB}、l_{BC}、l_{CA}和角θ。

4）选取适当的比例尺，定出各运动副的相对位置，按规定的符号画出其他运动副B、C。

5）用规定的线条和符号链接各运动副，进行必要的标注。该机构的运动简图如图2-2所示。

七、实验小结

1. 注意事项

1）每人应按上述方法完成三种机构的运动简图绘制及自由度计算。

2）绘制运动简图时注意一个构件在中部与其他构件用转动副相连的表达方法。

3）绘制运动简图时注意高副中的滚子与转动副的区分，可用大些的实心圆表示高副滚子，用小些的空心圆表示转动副。

4）绘制机构运动简图时，在不影响机构运动特征的前提下，允许移动各部分的相对位置，以求图形清晰。

5）注意构件尺寸，尤其是固定铰链之间的距离及相互位置。

6）不增减构件数目；不改变运动副性质。

7）注意运动简图的标注，包括构件标出序号、原动件画出箭头、运动副标出字母等。

2. 常见问题

1）当两构件间的相对运动很小时，会被误认为一个构件。

2）由于制造误差和使用日久等原因，某些机构模型的同一构件上各零件之间有稍许松动时，可能会误认为是两个构件。

3）在绘制机构运动简图过程中，常常出现高副表达不正确（例如高副表示成低副）或不完整的情况，应仔细分析，正确判断。

八、工程实践

在实际的生产实践中，为便于分析和讨论，通常需要绘制机构运动简图对新机构进行设计或对现有机构进行运动及动力分析。

1. 牛头刨床

如图 2-3a 所示为常见的牛头刨床，主要用于单件小批生产中刨削中小型工件上的平面、成形面和沟槽。图 2-3b 为其主运动机构的结构示意图。为详细分析各构件的运动情况及判断牛头刨床机构是否具有确定的相对运动，需绘制出其机构运动简图，如图 2-4 所示。

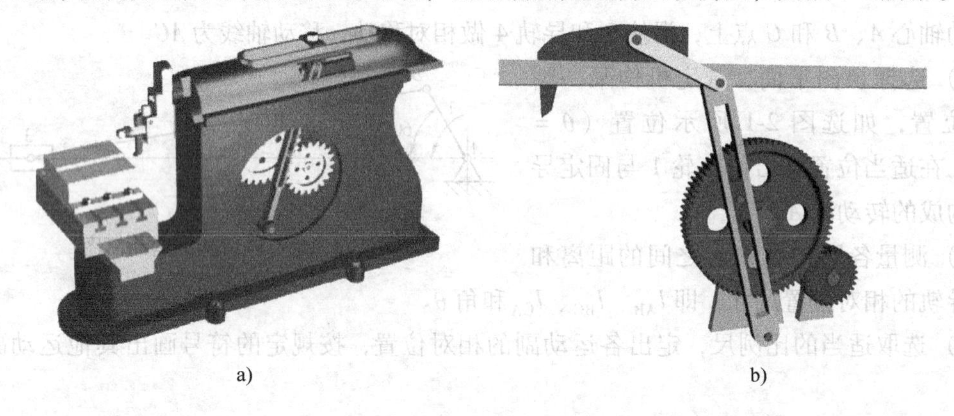

a)　　b)

图 2-3　牛头刨床

2. 压力机

图 2-5a 所示为一具有急回作用的压力机。它由菱形盘 1、滑块 2、构件 3（3 与 3′为同一构件）、连杆 4、冲头 5 和机架 6 组成。为分析各构件的运动情况，需绘制出压力机的机构运动简图，如图 2-5b 所示。

菱形盘 1 为原动件，绕 A 轴转动，通过滑块 2 带动构件 3 绕 C 轴转动，然后再由做平面运动的连杆 4 带动冲头 5 沿机架 6 上下移动，完成冲压工件的任务。滑块 2、构件 3、连杆 4 及冲头 5 为从动件。

3. 颚式破碎机

如图 2-6a 所示为模拟动物的两颚运动而完成物料破碎作业的颚式破碎机。该设备广泛应用于矿山、冶炼、建材、公路、铁路、水利和化工等行业中各种矿石与大块物料的中等粒度破碎。

该颚式破碎机由原动机、传动装置和工作机三部分组成。其中工作机部分是由最基本、最典型的曲柄摇杆机构组成，其机构运动简图如图 2-6b 所示。

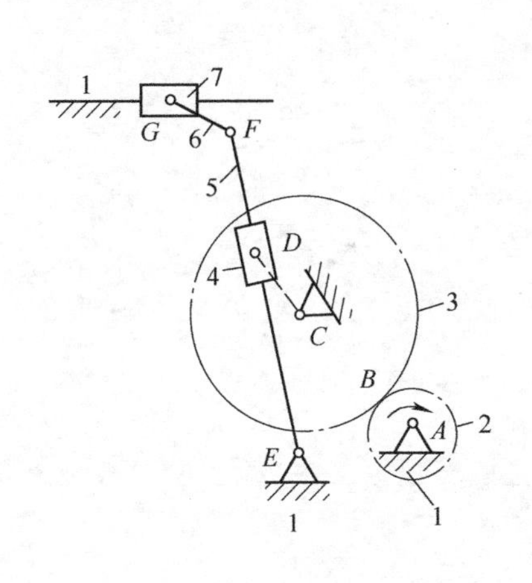

图 2-4　牛头刨床机构运动简图

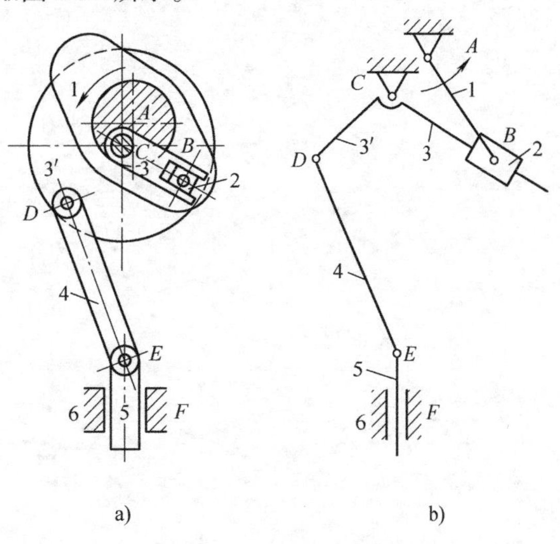

图 2-5　压力机及其机构运动简图
1—菱形盘　2—滑块　3—构件　4—连杆　5—冲头　6—机架

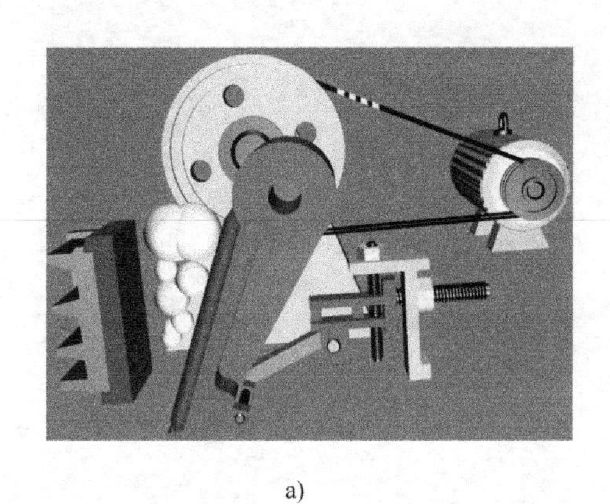

a)

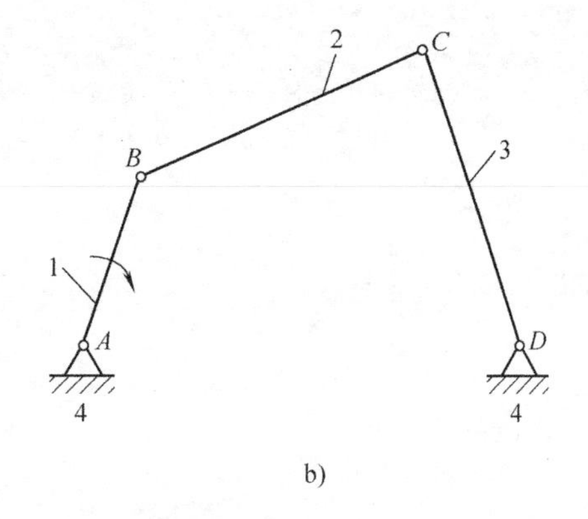

b)

图 2-6　颚式破碎机及其机构运动简图

实验报告二

实验名称：________________ 实验日期：________________

班级：________________ 姓名：________________

学号：________________ 同组实验者：________________

实验成绩：________________ 指导教师：________________

（一）实验目的

（二）实验结果

机构名称	机构运动简图	比例尺	自由度计算	运动是否确定
	（指出复合铰链、局部自由度或虚约束）	$\mu_l =$	活动构件数 $n =$ 低副数 $P_L =$ 高副数 $P_H =$ 机构自由度数 $F =$ 原动件数 $W =$	
	（指出复合铰链、局部自由度或虚约束）	$\mu_l =$	活动构件数 $n =$ 低副数 $P_L =$ 高副数 $P_H =$ 机构自由度数 $F =$ 原动件数 $W =$	
	（指出复合铰链、局部自由度或虚约束）	$\mu_l =$	活动构件数 $n =$ 低副数 $P_L =$ 高副数 $P_H =$ 机构自由度数 $F =$ 原动件数 $W =$	

（三）思考问答题

1. 一个正确的平面机构运动简图应能说明哪些问题？当绘制机构运动简图时，原动件的位置为何可以任意选择？是否会影响运动简图的正确性？为什么？

2. 机构自由度大于或小于原动件数时，各会产生什么结果？

3. 在本次实验中是否遇到复合铰链、局部自由度或虚约束等情况？在机构自由度计算中你是如何处理的？并说明它们在实际机构中所起的作用。

4. 举例说明哪些是与运动有关的尺寸，哪些是与运动无关的尺寸。

5. 机构自由度的计算对绘制机构运动简图有何意义？

6. 对所测绘的机构能否进行改进？试设计新的机构运动简图。

（四）实验心得、建议和探索

第三章　凸轮轮廓检测与从动件运动规律分析实验

一、概述

凸轮机构是由凸轮、具有曲线轮廓或凹槽的从动件和机架通过一定的锁合方式组合而成的一种高副机构。它广泛应用于各种机械，特别是自动机械、自动控制装置和装配生产线中。在设计机械时，当原动件做等速连续运动时，要求从动件实现工作所需要的各式各样的运动规律时，常采用凸轮机构。凸轮机构结构简单、紧凑，设计方便。只需设计出适当的凸轮轮廓，便可使从动件得到各种预期的运动规律。缺点是凸轮轮廓与从动件之间为点接触或线接触，易于磨损，通常多用于传力不大的控制机构中。

凸轮机构按凸轮的轮廓形状可分为盘形凸轮、移动凸轮和圆柱凸轮；按从动件与凸轮接触部位的结构形式可分为尖顶从动件、滚子从动件和平底从动件；按从动件的运动形式可分为直动从动件（对心直动、偏心直动）和摆动从动件；按照锁合方式又分为力锁合与几何锁合两种凸轮机构。

凸轮机构的运动和动力特性优劣虽然与设计时所选用的从动件运动规律及凸轮机构的公称尺寸等因素有关，但这是预期的工作性能，机构实际工作性能还取决于凸轮轮廓的加工质量。凸轮轮廓经机械加工及必要的热处理、表面处理后，轮廓曲线上各点的几何尺寸是否符合设计要求必须经过测量，且对测得的数据进行分析处理才能评定。

凸轮机构工作性能的反求，是对有关设备剖析的工作任务之一。如引进机械设备中的凸轮备件，通过对原始凸轮轮廓和机构的公称尺寸的检测和分析计算，分离其内含的加工误差因素，反求从动件的位移、速度和加速度的数值变化规律，使复制的凸轮备件的实际工作性能达到甚至优于原设计指标。因此，凸轮廓线检测有其实际的工程应用意义。

二、预习作业

1. 为什么凸轮机构在自动控制装置中应用非常广泛？常用凸轮机构的类型有哪些？

2. 哪些因素影响凸轮的轮廓形状？如何影响？

3. 从动件偏置后，凸轮机构的运动特性有何改变？

4. 为防止从动件不能按预定的运动规律发生运动而产生失真现象，滚子半径应如何选择？

三、实验目的

1）掌握凸轮轮廓曲线和从动件位移的检测原理与方法。

2）巩固和加深对凸轮机构设计理论的理解。

3）比较不同形式的从动件对从动件位移规律的影响。

4）比较偏距及滚子半径对从动件位移规律的影响。

5）了解凸轮转向的不同对从动件位移规律的影响。

四、实验设备和用具

1）凸轮轮廓线检测实验仪。

2）0～30mm 的百分表。

3）若干个被检测的凸轮试件以及尖顶、滚子和平底从动件。

4）检测与分析软件。

5）计算机、打印机。

6）自备记录纸和常用文具。

五、实验原理及方法

凸轮轮廓线的检测方法一般分为两类：一是检测出凸轮廓线的极坐标；二是检测出凸轮廓线所决定的从动件位移曲线图。图 3-1 所示为凸轮廓线检测仪的结构图，可测出直动从动件盘状凸轮机构的位移。

1. 检测仪组成

凸轮廓线检测仪由机械分度头、大量程百分表、横移座、纵移座和工作台等主要部分组成，如图 3-1 所示。

被测凸轮由 FW-100 机械分度头带动下转动并读取角度。分度头定数为 40，分度手柄转数 $n=40/z$，z 为工件所需的等分数。如利用分度盘上 54 孔的孔盘，分度手柄转过一个孔（相当于 $n=1/54$），则工件的等分数 $z=40\times54=2160$，即转过 10°。

百分表用来指示凸轮极径或从动件位移，量程为30mm，分度值0.01mm。百分表测杆的端部有不同形式的结构：平底、尖顶、小滚子ϕ20mm、大滚子ϕ30mm等。

横向丝杠能调整横向座的位置，改变导路位置，以分别为对心和偏置凸轮机构，调整范围为±20mm。其余丝杠分别调整百分表架高度，以适应不同尺寸（径向、轴向）凸轮的检测。

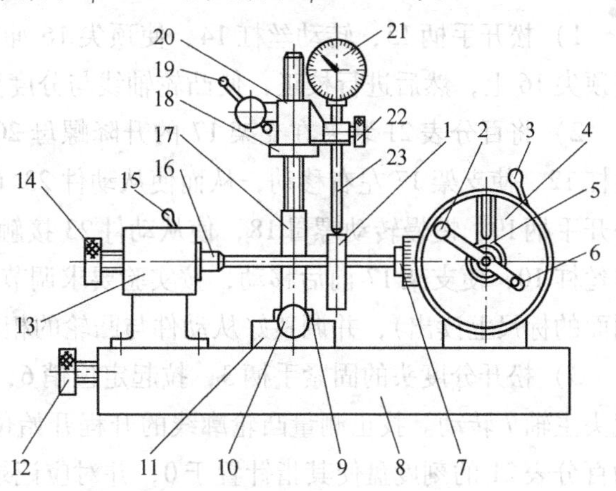

图3-1　凸轮廓线检测仪

1—凸轮　2—分度手柄　3—固紧手柄　4—分度头　5—定位仪　6—定位销　7—分度头主轴　8—底座　9—横移座盖　10—横向丝杠　11—横移座　12—纵向丝杠　13—主轴座　14—丝杠　15、19—手柄　16—顶尖　17—支架　18—螺母　20—升降螺母　21—百分表　22—手轮　23—从动件

2. 检测原理

凸轮廓线检测原理一般分为两类：一是检测凸轮廓线极坐标图；二是检测出凸轮廓线所决定的从动杆位移曲线。

检测凸轮廓线极坐标图，无论什么形式从动件的盘形凸轮，一律按对心尖顶直动从动件盘形凸轮机构原理进行。通常把极轴取在凸轮廓线上开始有位移点的极径处，用分度头带动凸轮转动并指示极角，用大量程百分表指示极径的变化，再利用已知直径的检测棒或心轴或块规就可得出凸轮廓线的极径值。

检测凸轮机构的位移曲线就比较复杂了，因为从动件的位移不仅取决于凸轮实际廓线，还与偏心距、从动件结构形状、滚子半径大小有关。只有对心尖顶直动从动件盘形凸轮机构位移变化量与廓线极径变化量相等、凸轮转角与廓线转角相等、检测位移曲线与检测极坐标图一样进行。其他形式的凸轮机构，从动件位移与凸轮廓线极径、凸轮转角和廓线极角、检测位移曲线与检测极坐标图等完全不同。上述这些就是凸轮廓线检测的基本原理。

六、实验内容

1）用小滚子测头按对心直动从动件盘形凸轮机构原理测从动件位移。

2）用尖顶测头按对心直动从动件盘形凸轮机构原理测凸轮极坐标图。

3）用小滚子测头按偏置直动从动件盘形凸轮机构原理测从动件位移，偏距$e=5$mm。

4）用大滚子测头按对心直动从动件盘形凸轮机构原理测从动件位移。

5）用平底测头按对心直动从动件盘形凸轮机构原理测从动件位移。

6）按凸轮顺时针转动和逆时针转动分别完成上述测试实验内容。

为了计算和绘图方便，测头（从动件）在起始位置时百分表读数置零。从动件起始位置是测头与凸轮实际基圆段端点接触时的位置，此时从动件处于最低位置。将测头对心安装，借助尺寸已知的标准圆盘、心轴或块规，可以测得极径及基圆半径的尺寸。

七、实验步骤

1）松开手柄 15，转动丝杠 14，使顶尖 16 伸缩，将被检测凸轮 1 安装在分度头主轴 7 与顶尖 16 上，然后进行校正，使凸轮轴线与分度头主轴线重合。

2）将百分表 21 装夹在支架 17 的升降螺母 20 的侧孔内，锁紧手轮 22。然后转动纵向丝杠 12，使支架 17 左右移动，从而使从动件 23（即百分表测量杆）移动到凸轮的正上方，松开手柄 19，慢慢转动螺母 18，使从动件 23 接触凸轮廓面，并锁紧手柄 19。然后再转动横向丝杠 10，使支架 17 前后移动，按实验要求调节从动件 23 的偏距 e（其数值可从横向座左侧面的标尺上读出），并调整好从动件与凸轮的相对位置。

3）松开分度头的固紧手柄 3，拉起定位销 6，慢慢正反转动分度手柄 2，使凸轮 1 随分度头主轴 7 转动。找正测量凸轮廓线的升程开始位置（凸轮上有标记），插下定位销 6，转动百分表 21 的刻度盘使其指针置于 0，并对应记录凸轮转角 $\phi=0°$，从动杆位移 $S=0$。

4）凸轮的分度采用简单分度法，分度头 4 内的蜗杆蜗轮传动比为 1∶40，设凸轮所需的等分数为 z，如果利用分度盘上的 54 孔圈来分度，则可以计算出凸轮每转过 10°（即 36 等分）时手柄 2 所转过的孔数为 60 孔（一圈加 6 个孔）。具体做法是：由定位销 6 开始，逆时针数 60 个孔，并将定位仪 5 拔到第 60 个孔，然后拉起定位销 6，逆时针方向转动分度手柄 2，定位销 6 随同转动插入第 60 个孔中，然后从百分表 21 读出从动杆的位移量（百分表每小格分度值为 0.01mm）。并对应记录 ϕ 与 S 值。如此重复，直到凸轮转回到起始位置。

5）根据实验内容 1）~6），分别按凸轮顺时针转动和逆时针转动重复实验步骤 1）~4），则先后测得其余凸轮机构的 ϕ 与 S 值，并将数据填入实验报告相应的表格中。

八、注意事项

1）调节从动件偏心距时，偏心距不宜过大，否则可能会使凸轮机构卡死，造成零件损坏。

2）由于凸轮轮廓曲线检测仪是人为操作，对测量精度可能会有所影响。

九、工程实践

由于凸轮机构最大的优点是能够使从动件实现所需的运动规律，因此该机构广泛应用于传力不大的自动化、半自动化控制机构中，如自动机床进刀机构、上料机构、印刷机、纺织机及各种电气开关中等。凸轮机构的实际工作性能在很大程度上取决于凸轮轮廓的加工质量，轮廓曲线上各点的几何尺寸是否符合性能要求必须经过测量和分析计算，且对测得的数据进行分析处理才能评定。

1. 内燃机配气凸轮机构

如图 3-2 所示为内燃机的配气凸轮机构，图 3-2b 中，原动盘形凸轮 1 连续等速转动，通过凸轮高副驱动从动件 2（气阀）按预期的输出特性启闭阀门，使阀门既能充分开启，又具有较小的惯性力。当凸轮 1 以等角速度回转时，其轮廓驱使从动件气阀 2 开启或关闭（关闭是靠弹簧的弹力作用)，以控制可燃物质在适当的时间进入气缸或将废气排出。至于气阀开启和关闭时间的长短及其速度和加速度的变化规律，则取决于凸轮轮廓曲线的形状。因此必须对凸轮轮廓曲线和从动件气阀 2 的位移进行检测、分析，以免影响内燃机配气机构的整体工作性能。

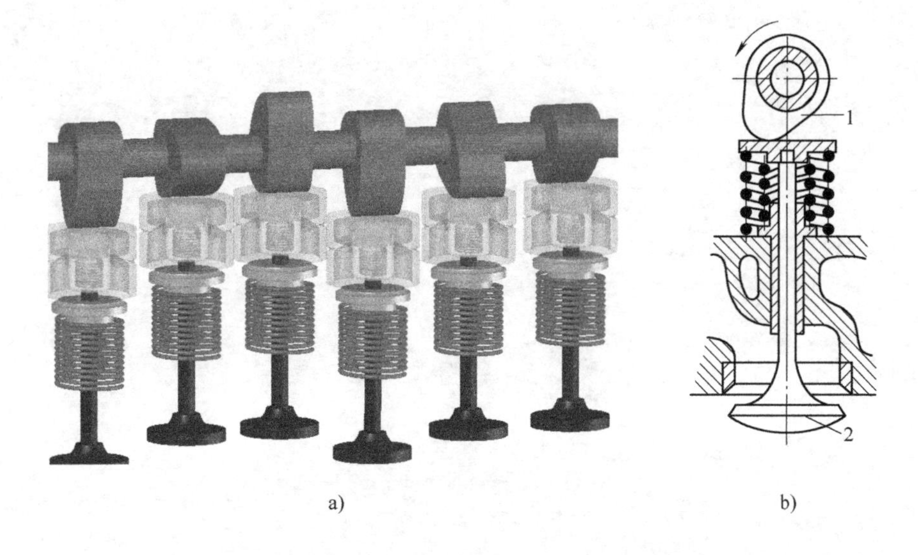

图 3-2　内燃机配气凸轮机构

1—盘形凸轮　2—气阀

2. 自动机床进刀机构

如图 3-3 所示为自动机床的进刀机构，当具有凹槽的空间圆柱凸轮 1 作回转运动时，其凹槽的侧面通过嵌于凹槽中的滚子迫使推杆 2 绕其轴做往复摆动，从而控制刀架的进刀和退刀运动，如图 3-3b 所示。至于进刀和退刀的运动规律如何，则决定于凹槽曲线的形状。因此对凸轮凹槽轮廓曲线和从动推杆 2 的位移进行分析、检测是十分必要的，目的是通过提高刀架的运动控制精度进而提高机床的整体加工性能。

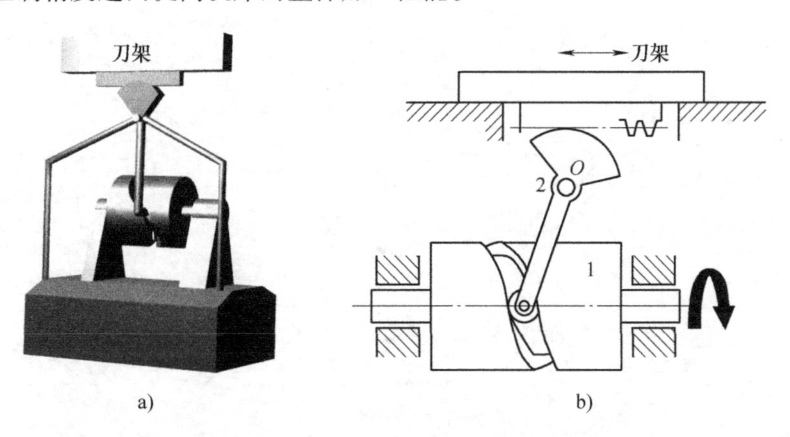

图 3-3　自动机床进刀机构

1—圆柱凸轮　2—推杆

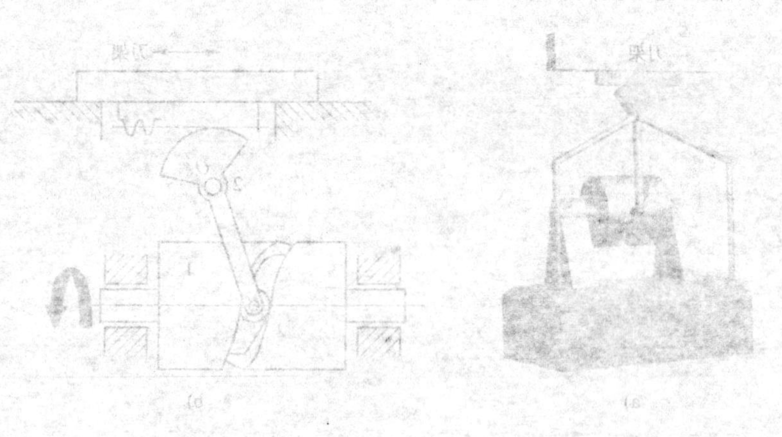

实验报告三

实验名称：________　　实验日期：________

班级：________　　姓名：________

学号：________　　同组实验者：________

实验成绩：________　　指导教师：________

（一）实验目的

（二）实验结果

1）凸轮试件原始数据，包括凸轮转向，理论基圆半径，大滚子半径，小滚子半径，升程，推程运动角，远休止角，回程运动角，近休止角，偏心距。

2）凸轮分别按顺时针和逆时针转动时，将检测实验数据填入表3-1和表3-2中。

表3-1　凸轮转角和从动件位移数据记录表Ⅰ

ϕ/(°)	S/mm（凸轮转向：顺时针）				
	从动件位移（小滚子，对心）	从动件位移（尖顶，对心）	从动件位移（小滚子，偏置）	从动件位移（大滚子，对心）	从动件位移（平底，对心）
0					
10					
20					
30					
40					
50					
60					
70					
80					
90					
100					
110					
120					

（续）

φ/(°)	S/mm（凸轮转向：顺时针）				
	从动件位移（小滚子，对心）	从动件位移（尖顶，对心）	从动件位移（小滚子，偏置）	从动件位移（大滚子，对心）	从动件位移（平底，对心）
130					
140					
150					
160					
170					
180					
190					
200					
210					
220					
230					
240					
250					
260					
270					
280					
290					
300					
310					
320					
330					
340					
350					
360					

表 3-2　凸轮转角和从动件位移数据记录表Ⅱ

φ/(°)	S/mm（凸轮转向：逆时针）				
	从动件位移（小滚子，对心）	从动件位移（尖顶，对心）	从动件位移（小滚子，偏置）	从动件位移（大滚子，对心）	从动件位移（平底，对心）
0					
10					
20					
30					
40					
50					

（续）

ϕ/（°）	S/mm（凸轮转向：逆时针）				
	从动件位移（小滚子，对心）	从动件位移（尖顶，对心）	从动件位移（小滚子，偏置）	从动件位移（大滚子，对心）	从动件位移（平底，对心）
60					
70					
80					
90					
100					
110					
120					
130					
140					
150					
160					
170					
180					
190					
200					
210					
220					
230					
240					
250					
260					
270					
280					
290					
300					
310					
320					
330					
340					
350					
360					

3）根据实验数据，画出从动件的位移图，如图 3-4 所示。

图 3-4　从动件的位移图

4）画出凸轮实际轮廓线的极坐标图（凸轮基圆半径 $r_0=35\text{mm}$），如图 3-5 所示。

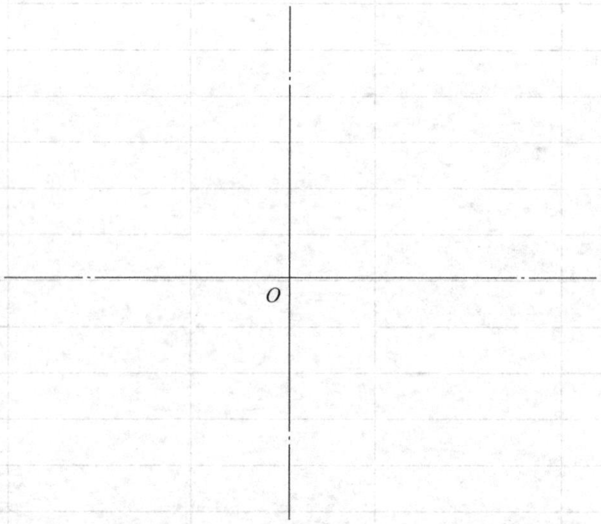

O

图 3-5　凸轮实际轮廓线的极坐标图

(三) 思考问答题

1. 同一凸轮和滚子，对心和偏心从动件的位移是否相同？为什么？

2. 同一凸轮，不同滚子半径的从动件位移是否相同？为什么？

3. 同一凸轮，当从动件端部形式不同时，其从动件位移是否相同？为什么？

4. 凸轮不同转向时测得的从动件位移规律是否相同？

5. 摆动从动杆盘形凸轮的极坐标图如何检测？

6. 根据你所绘制的从动件位移线图，分析该凸轮机构是否存在刚性或柔性冲击。

(四) 实验心得、建议和探索

（三）思考问答题

1. 同一凸轮的滚子，对心和偏心从动件的位移是否相同？为什么？

2. 同一凸轮，不同滚子半径的从动件位移是否相同？为什么？

3. 同一凸轮，当从动件端部形式不同时，其从动件位移是否相同？为什么？

4. 凸轮不同转向时测得的从动件位移曲线是否相同？

5. 摆动从动件盘形凸轮的极坐标图如何检测？

6. 根据你所绘制的从动件位移线图，分析该凸轮机构是否存在刚性或柔性冲击。

（四）实验心得、建议和探索

第四章　渐开线齿廓的展成实验

一、概述

近代齿轮齿廓的加工方法很多，有铸造法、热轧法、冲压法、模锻法、粉末冶金法和切制法等，目前最常用的是切制法。切制法中按切齿原理的不同，又分仿形法和展成法（也称为范成法），其中展成法可以用一把刀具加工出模数、压力角相同而齿数不同的标准和各种变位齿轮齿廓，加工精度和生产率均较高，是一种比较完善、应用广泛的切齿方法，如插齿、滚齿、磨齿、剃齿等都属于这种方法。展成法加工是利用一对齿轮（或齿轮与齿条）啮合时，其共轭齿廓互为包络的原理来切齿的。加工时，其中的一轮磨制出有前、后角，具有切削刃口的刀具，另一轮为尚未切齿的齿轮轮坯，二者按固定的传动比对滚，好像一对齿轮（或齿轮齿条）做无齿侧间隙啮合传动一样；同时刀具还沿轮坯的轴向做切削运动，最后在轮坯上被加工出来的齿廓就是刀具切削刃在各个位置的包络线。常用的刀具有齿轮插刀、齿条插刀、齿轮滚刀等数种。

用展成法加工齿轮时，刀具的顶部有时会过多地切入轮齿的根部，将齿根的渐开线部分切去一部分，产生根切现象。齿轮的根切会降低轮齿的抗弯强度，引起重合度下降，降低承载能力等，因此工程上应力求避免根切。

1. 齿轮插刀切制齿轮

图 4-1a 为用齿轮插刀切制齿轮的情形。插刀形状与齿轮相似，但具有切削刃。插齿时，插刀一方面与被切齿轮按定传动比做回转运动，另一方面沿被切齿轮轴线做上下往复的切削运动，这样，插刀切削刃相对于轮坯的各个位置所形成的包络线（图 4-1b）即为被切齿轮的齿廓。

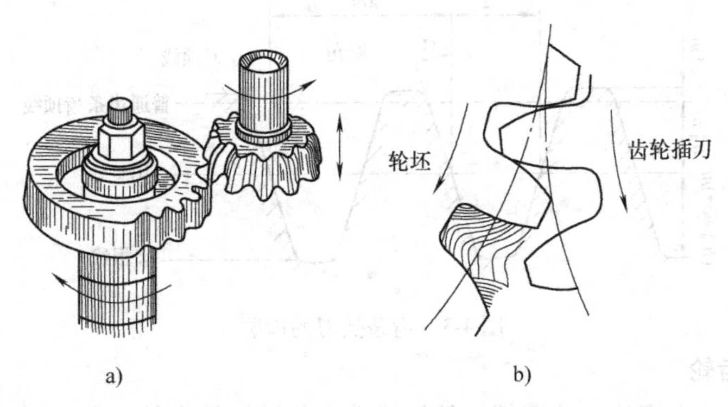

图 4-1　齿轮插刀切制齿轮

其加工过程包含四种运动。

1）展成运动。齿轮插刀与轮坯以定传动比 $i=\frac{\omega_0}{\omega}=\frac{z}{z_0}$ 转动，这是加工齿轮的主运动，称为展成运动。

2）切削运动。齿轮插刀沿轮坯轴线方向做往复运动，其目的是为了将齿槽部分的材料切去。

3）进给运动。齿轮插刀向着轮坯径向方向移动，其目的是为了切出轮齿高度。

4）让刀运动。齿轮插刀向上运动时，轮坯沿径向做微量运动，以免切削刃擦伤已形成的齿面，在齿轮插刀向下切削到轮坯前又恢复到原来位置。

2. 齿条插刀切制齿轮

当齿轮插刀的齿数增加到无穷多时，其基圆半径变为无穷大，则齿轮插刀演变成齿条插刀。图 4-2a 所示为用齿条插刀切制齿轮的情形。插刀形状与齿条相似（见图 4-3），但具有切削刃，刀具直线齿廓的倾斜角即压力角。刀具顶部比正常齿条高出 $c^* m$，是为了使被切齿轮在啮合传动时具有顶隙。刀具上齿厚等于齿槽宽处的直线正好处于齿高中间，称为刀具中线。切制标准齿轮时，刀具中线相对于被切齿轮的分度圆做纯滚动，同时，刀具沿被切齿轮轴线做上下往复的切削运动。这样，插刀切削刃相对于轮坯的各个位置所形成的包络线（图 4-2b）即为被切齿轮的齿廓。

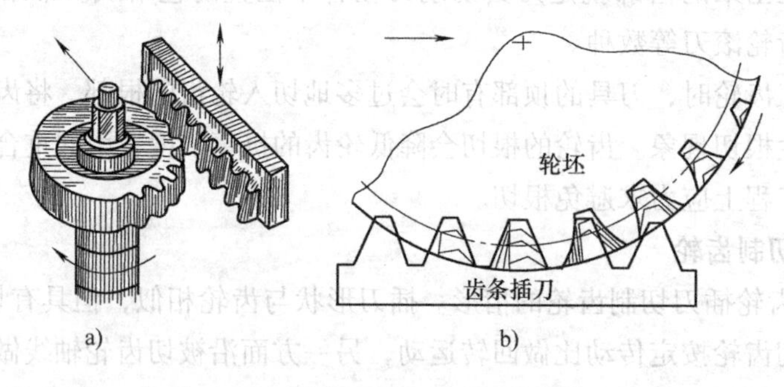

图 4-2　齿条插刀切制齿轮

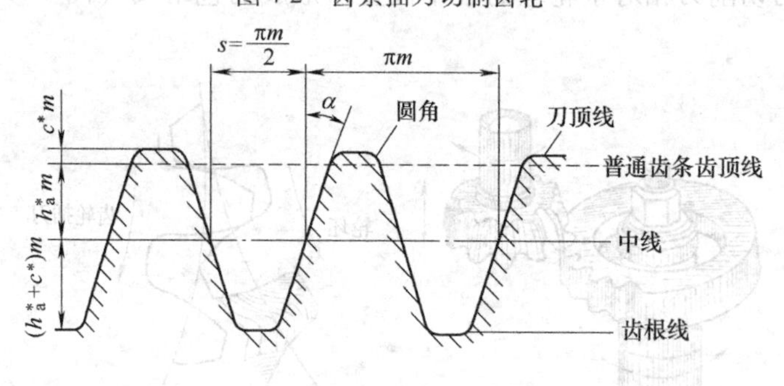

图 4-3　齿条插刀的齿廓

3. 滚刀切制齿轮

滚刀的形状像一个螺旋，滚刀螺旋的切线方向与被切轮齿的方向相同。由于滚刀在轮坯端面上的投影是一齿条，因此它属于齿条形刀具。当滚刀连续转动时，相当于一根无限长的齿条向前移动。由于齿轮滚刀一般是单头的，其转动一周，就相当于用齿条插刀切齿时刀具移过一个齿距，所以用齿轮滚刀加工齿轮的原理和用齿条插刀加工齿轮的原理基本相同。

目前广泛采用的齿轮滚刀为连续切削，生产效率较高。图4-4a是利用滚刀切制齿轮的情形。滚刀外形类似于开出许多纵向沟槽的螺旋（图4-4b），共轴向剖面的齿形和齿条插刀相同。切齿时，滚刀和被切齿轮分别绕各自轴线回转，此时滚刀就相当于一个假想齿条连续地向一个方向移动。同时滚刀还沿轮坯轴线方向缓慢移动，直至切出整个齿形。

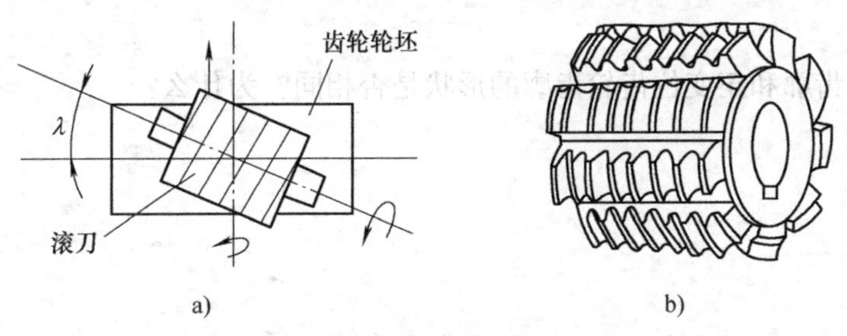

图4-4　滚刀切制齿轮

在工厂实际加工齿轮时，我们无法清楚地看到切削刃包络的过程，通过本次实验，用齿轮展成仪来模拟齿条刀具与轮坯的展成加工过程，将刀具切削刃在切削时曾占有的各个位置的投影用铅笔线记录在绘图纸上。齿轮的渐开线齿形是参加切削的刀齿的一系列连续位置的刃痕线组合，并不是一条光滑的曲线，而是由许多折线组成的。我们尽量让折线细密一些，可使齿廓更光滑。在这个实验中，能够清楚地观察到齿轮展成的全过程和最终加工出的完整齿形。

二、预习作业

1）展成法加工标准齿轮时，刀具中线与被加工齿轮的分度圆应保持______，当加工正变位齿轮时，刀具应______齿轮毛坯中心，当加工负变位齿轮时，刀具应______齿轮毛坯中心。

2）在表4-1中写出标准齿轮及变位齿轮分度圆、齿顶圆、齿根圆、基圆、齿距、齿厚、齿槽宽的计算公式。

表4-1　标准齿轮及变位齿轮有关参数的计算公式

分度圆直径	标准齿轮	变位齿轮
齿顶圆直径		
齿根圆直径		
基圆直径		
齿距		
齿厚		
齿槽宽		

3）渐开线形状与基圆大小有何关系？齿廓曲线是否全是渐开线？

4. 用展成法加工渐开线标准直齿轮时，什么情况下会产生根切现象？如何避免根切？

5. 标准齿轮齿廓和正变位齿轮齿廓的形状是否相同？为什么？

6. 变位齿轮的基圆压力角、分度圆压力角和齿顶圆压力角是否与标准齿轮的相同？

三、实验目的

利用实验仪器模拟齿条插刀与轮坯的展成加工过程，用图纸取代轮坯，记录刀具在切削时的一系列位置，从而可以达到下述目的：

1）观察渐开线齿廓的形成过程，掌握用展成法切制渐开线齿轮齿廓的基本原理。

2）观察渐开线齿轮产生根切的现象，了解产生根切的原因以及如何避免根切。

3）分析、比较标准齿轮和变位齿轮的异同点，理解变位齿轮的概念。

四、实验设备及工具

1）齿轮展成仪。

2）自备圆规、三角板、剪刀、铅笔、计算器等。

3）每班将书中附带的白色硬质圆纸按直径不同进行剪裁，分为三种情况：1/3 同学裁成 230mm；1/3 同学裁成 260mm；剩下同学裁成 290mm，所有圆纸中心裁有 50mm 的圆孔。

4）渐开线齿轮模型、挂图或者“齿轮展成实验”教学片。

五、实验原理及方法

为了看清楚齿廓的形成过程，用圆形的图纸做“轮坯”，在不考虑刀具做切削运动和让刀运动的前提下，使仪器中的“齿条刀具”与“轮坯”对滚，认为切削刃在图纸上所绘制出的各个位置的包络线，就是被加工齿轮的齿廓曲线。当展成仪上标准齿条刀具的中线与被加工齿轮的分度圆相切并做纯滚动时，加工出来的就是标准齿轮。当刀具远离轮坯中心做展成运动时，得到正变位齿轮轮廓曲线，当刀具移近轮坯中心做展成运动时，得到负变位齿轮轮廓曲线。为了逐步再现上述加工过程中切削刃在相对轮坯每个位置时形成包络线的详细过程，通常采用齿轮展成仪来实现。常用齿轮展成仪结构如图 4-5、图 4-6 所示，其工作原理分别简述如下。

1. 齿轮展成仪（Ⅰ）

转动盘 1 能绕固定于机架 4 上的轴心 O 转动。在转动盘内侧固连有一个小模数的齿轮，它与拖板 5 上的小齿条 3 相啮合。通过调节螺钉 6，把模数较大的齿条刀具 2 装在拖板上。展成实验时，移动拖板，通过小齿条和齿轮的传动，能使转动盘做回转运动，而固定于转动盘上的轮坯（圆形图纸）也跟着转动。这与被加工齿轮相对于齿条刀具运动相同。

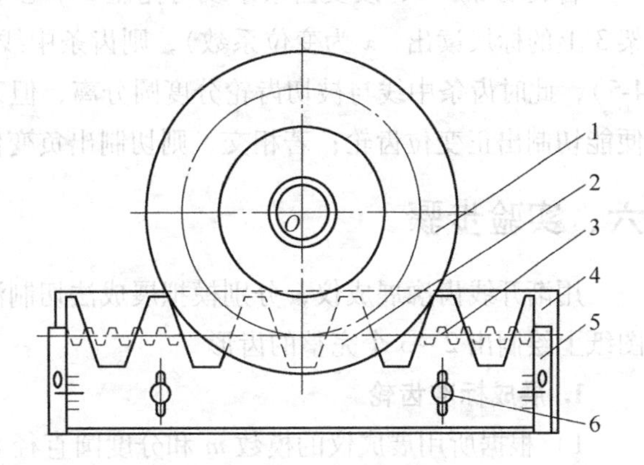

图 4-5　齿轮展成仪结构示意图（Ⅰ）

1—转动盘　2—齿条刀具　3—小齿条

4—机架　5—拖板　6—调节螺钉

松开调节螺钉 6，可以使“刀具”相对于拖板垂直移动，从而调节“刀具”中线至“轮坯”中心的距离，以便展成出标准齿轮或正负变位齿轮。在拖板与“刀具”两端都有刻度线，以便在“加工”齿轮时调节其变位量。

2. 齿轮展成仪（Ⅱ）

图 4-6 中，图纸托盘 1 可绕固定轴 O 转动，钢丝 2 绕在托盘 1 背面代表分度圆的凹槽内，钢丝两端固定在滑架 3 上，滑架 3 装在水平底座 4 的平导向槽内。所以，在转动托盘 1 时，通过钢丝 2 可带动滑架 3 沿水平方向左右移动，并能保证托盘 1 上分度圆周凹槽内的钢丝中心线所在圆（代表被切齿轮的分度圆）始终与滑架 3 上的直线 E（代表刀具节线）做纯滚动，从而实现对滚运动。代表齿条型刀具的齿条 5 通过螺钉 7 固定在刀架 8 上，刀架 8 架在滑架 3 上的径向导槽内，旋动螺旋 6，可使刀架 8 带着齿条 5 沿垂直方向相对于托盘 1 中心 O 做径向移动。因此，齿条 5 既可以随滑架 3 做水平移动，与托盘 1 实现对滚运动，又可以随刀架 8 一起做径向移动，用以调节齿条中线与托盘中心 O 之间的距离，以便模拟变位齿轮的展成切削。

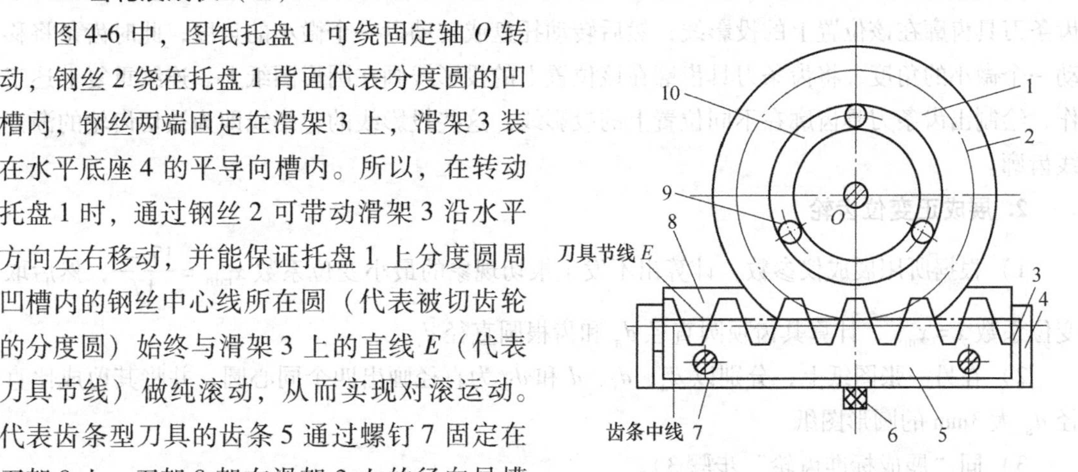

图 4-6　齿轮展成仪结构示意图（Ⅱ）

1—托盘　2—钢丝　3—滑架　4—底座

5—齿条　6—螺旋　7、9—螺钉

8—刀架　10—压环

齿条 5 的模数为 m（一般等于 20mm 或 8mm），压力角为 20°，齿顶高与齿根高均为 1.25m，只是牙齿顶端的 0.25m 处不是直线而是圆弧，用以切削被切齿轮齿根部分的过渡曲线。当齿条中线与被切齿轮分度圆相切时，齿条中线与刀具节线 E 重合，此时齿条 5 上的标尺刻度零点与滑架 3 上的标尺刻度零点对准，这样便能切制出标准齿轮。

若旋动螺旋 6，改变齿条中线与托盘 1 中心 O 的距离（移动的距离 xm 可由齿条 5 或滑架 3 上的标尺读出，x 为变位系数），则齿条中线与刀具节线 E 分离或相交。若相分离（图 4-5），此时齿条中线与被切齿轮分度圆分离，但刀具节线 E 仍与被切齿轮分度圆相切，这样便能切制出正变位齿轮；若相交，则切制出负变位齿轮。

六、实验步骤

用渐开线齿廓展成仪，分别模拟展成法切制渐开线标准齿轮和变位齿轮的加工过程，在图纸上绘制出 2 ~3 个完整的齿形。

1. 展成标准齿轮

1）根据所用展成仪的模数 m 和分度圆直径 d 求出被切齿轮的齿数 z，并计算其齿顶圆直径 d_a、齿根圆直径 d_f、基圆直径 d_b。

2）在已剪好的圆形图纸上，分别以 d 和 d_b 为直径画出两个同心圆。

3）将圆形图纸安装在展成仪的转动盘或托盘上，使二者圆心重合。

4）调节刀具中线，使其与被切齿轮分度圆相切（展成仪（Ⅰ））或将齿条上的标尺刻度零点与滑架上的标尺刻度零点对准，此时齿条中线与刀具节线 E 重合（展成仪（Ⅱ））。

5）切制轮廓时，先将齿条推至左（或右）极限位置，用削尖的铅笔在圆形图纸上画下齿条刀具齿廓在该位置上的投影线；然后转动托盘或转动盘一个微小的角度，此时齿条将移动一个微小的角度，将齿条刀具齿廓在该位置上的投影线画在圆形图纸上。连续重复上述工作，绘制出齿条刀具齿廓在不同位置上的投影线，这些投影线的包络线即为被切齿轮的渐开线齿廓。

2. 展成正变位齿轮

1）根据所用展成仪参数，计算出不发生根切现象的最小变位系数 $x_{\min}=\dfrac{17-z}{17}$，然后取变位系数 $x=x_{\min}$，计算其齿顶圆直径 d_a 和齿根圆直径 d_f。

2）在另一张图纸上，分别以 d_a、d_f、d 和 d_b 为直径画出四个同心圆，并将其剪成比直径 d_a 大 3mm 的圆形图纸。

3）同“展成标准齿轮”步骤 3）。

4）将齿条向远离转动盘或托盘中心的方向移动一段距离（大于或等于 $x_{\min}m$）。

5）同“展成标准齿轮”步骤 5）。

展成齿廓的毛坯图样如图 4-7 所示。

七、实验小结

1. 注意事项

1）在移动刀具过程中，一定要将“轮坯”纸片在转动盘或托盘上固定可靠，并保持“轮坯”中心与转动盘或托盘中心时刻重合，展成过程中不能随意松开或重新固定，否则可

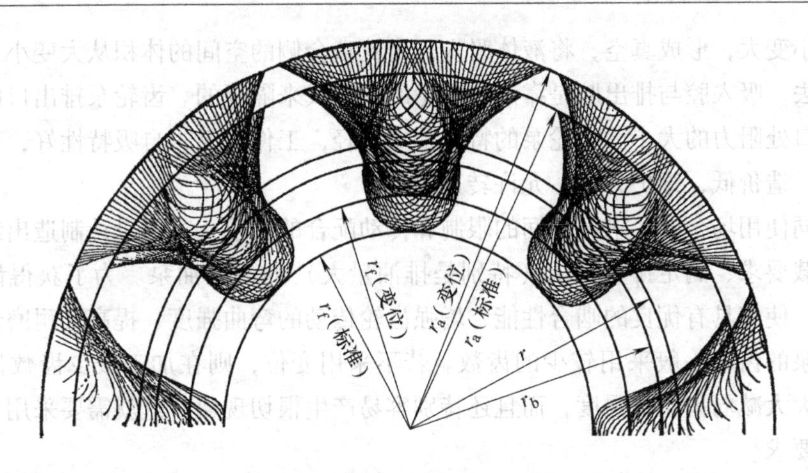

图 4-7　展成齿廓的毛坯图样

能导致实验失败。

2）每次移动刀具距离不要太大，否则会影响齿形的展成效果。每展成一种齿形都应将齿条从一个极限位置移至另一个极限位置，若移动距离不够，会造成齿形切制不完整。

3）用不同颜色的笔绘制标准渐开线齿轮和变位齿轮，并将两齿轮重叠起来，以便观察根切现象。

4）实验结束后，整理好展成仪和工具，使其恢复原状。

2. 常见问题

（1）若本实验选用的展成仪模数较小而分度圆较大时，切制标准齿轮齿廓时发生的根切现象可能不明显。

（2）若“轮坯”图纸较薄时或纸面不平整时，在展成过程中可能会出现刀具移动不畅的情况。

八、工程实践

在实际的生产实践中，标准齿轮由于自身存在的一些局限性，如齿数不能小于最少齿数、不适用于中心距不等于标准中心距的场合、小轮的强度较低等缺点限制了其推广和应用。为了突破标准齿轮的限制，要对齿轮进行必要的修正。将刀具相对于齿坯中心向外移出或向内移近一段距离加工出的齿轮叫变位齿轮。变位齿轮相对于标准齿轮的优点是：减小机构尺寸、避免根切、改善小轮磨损、提高齿轮强度、提高承载能力、可配凑中心距等。采用变位修正法加工变位齿轮，不仅可以避免根切，而且与标准齿轮相比，齿厚、齿顶高、齿根高等参数都发生了变化。因而，可以用这种方法来改善齿轮的传动质量和满足其他要求，如降低噪声等，且加工所用刀具与标准齿轮的一样，所以，变位齿轮在各类机械中获得了广泛应用。

1. 齿轮泵

齿轮泵在工业、农业、商业、交通、航空、建筑等各个领域都得到了广泛的应用。齿轮泵（图 4-8）是依靠泵缸与啮合齿轮间所形成工作容积的变化和移动来输送液体或使之增压的回转泵。由两个齿轮、泵体与前后盖组成两个封闭空间，当齿轮转动时，齿轮脱开侧的空间的体积从小变大，形成真空，将液体吸入，齿轮啮合侧的空间的体积从大变小，而将液体挤入管路中去。吸入腔与排出腔是靠两个齿轮的啮合线来隔开的。齿轮泵排出口的压力完全取决于泵出口处阻力的大小。齿轮泵的特点是重量轻，工作可靠，自吸特性好，对污染不敏感，寿命长，造价低，维护方便，允许转速较高。

根据不同使用场合的要求，空间的限制和传动配合的要求，需要设计制造出结构简单紧凑、符合承载要求、满足排量要求（特别是排油量大）的齿轮油泵。为了获得齿轮泵的特殊使用要求，使其具有优良的啮合性能、增强齿轮传动的弯曲强度、提高其耐磨性和抗胶合能力，齿轮泵的齿轮一般采用较少的齿数。若不采用变位，则在加工较少齿数齿轮的过程中，不仅会大大减弱齿轮的强度，而且还特别容易产生根切现象。这就需要采用变位齿轮来实现其特殊要求。

a)　　b)

图 4-8　齿轮泵

变位齿轮应用于齿轮泵有很多优点，如能够配凑中心距，使机构结构紧凑，适当的负变位使排量增大，正变位使齿根强度增大。对大型齿轮泵进行维修时，可用齿轮变位修复轮齿磨损，节约维修费用，缩短维修工期。

2. 采煤机齿轮传动

采煤机是实现煤矿生产机械化和现代化的重要设备之一，主要完成落煤和装煤工序。随着我国煤炭重工业的迅猛发展，高产高效的工作需求对采煤机（图 4-9）的性能要求越来越高。而在采煤机的机械传动中几乎都是直齿轮传动，所以齿轮成为采煤机的关键元件，其工作的可靠性将直接影响着采煤机的使用性能、使用寿命。而标准的齿轮传动又存在许多缺点，在一定程度上不能满足特殊工作场合的要求，这时变位齿轮传动在采煤机上便获得了很好的应用。

图 4-9　采煤机

（1）缩小结构尺寸　对采煤机而言，由于受到井下空间的限制，采用高度变位或正角度变位，可以将小齿轮齿数降低至 $z < z_{\min} = 17$，从而使结构尺寸

大大减小。

（2）增大承载能力　当采煤机中两齿轮的材料和尺寸给定后，采用正角度变位，可以使接触强度提高23%，个别情况下可提高34%左右。采用高度变位，随着小齿轮齿数的减少，弯曲强度将逐渐得到提高。例如：$z=18$ 时，取 $x=0.57$，抗弯强度提高20%左右；当 $z=30$ 时，取同样的变位系数 $x=0.57$，抗弯强度会提高35%左右。总之，合理选择变位系数有利于增大齿轮传动的承载能力、提高采煤机的工作性能。

实验报告四

实验名称：____________　实验日期：____________

班级：____________　姓名：____________

学号：____________　同组实验者：____________

实验成绩：____________　指导教师：____________

（一）实验目的

（二）实验设备及主要参数

1. 齿条形刀具的基本参数：

$m =$ ______，$\alpha = 20°$，$h_a^* = 1$，$c^* = 0.25$

2. 被展成齿轮的基本参数：

$m =$　　，$d =$　　，$z =$　　，$\alpha =$　　，$h_a^* =$　　，$c^* =$

（三）实验结果

项　目	标准齿轮	变位齿轮
分度圆直径 d		
齿顶圆直径 d_a		
齿根圆直径 d_f		
基圆直径 d_b		
齿距 p		
基节 p_b		
分度圆齿厚 s		
分度圆齿槽宽 e		
变位系数 x		
齿形比较		

注："齿形比较"指定性地说明两个齿轮的顶圆齿厚和根圆齿厚的差别。

（四）齿轮展成图（画有展成齿形，并标注尺寸参数）

将齿轮展成图对折后，装订在本页空白处。

（五）思考问答题

1. 实验中所观察到的根切现象发生在基圆之内还是在基圆之外？分析是由什么原因引起的？如何避免根切？

2. 在用齿条刀具加工齿轮过程中，刀具与轮坯之间的相对运动有何要求？

3. 用同一把齿条刀加工出来的标准齿轮和正变位齿轮，试定性分析以下参数 m、α、r、r_b、h_a、h_f、h、p、s、s_a 的异同，并解释原因。

4. 若加工负变位齿轮，其齿廓形状和主要尺寸参数是否会发生变化？如何发生变化？为什么？

5. 除了用齿条（刀具）变位的方法避免根切外，还有没有其他方法？

（六）实验心得、建议和探索

第五章　渐开线直齿圆柱齿轮参数的测定实验

一、概述

齿轮是机械传动中应用最广泛也是最重要的传动零件之一。齿轮机构的实际工作性能不仅与齿轮基本参数的设计有关，还取决于齿轮的加工质量。经机械加工及必要的热处理、表面处理后，齿廓曲线是否符合设计要求必须通过测量，且对测得的数据进行分析处理后才能评定。正确掌握渐开线圆柱齿轮参数的测定方法，对学习其他各种齿轮传动都有重要的作用。

二、预习作业

1. 直齿圆柱齿轮的基本参数有哪些？

2. 决定渐开线齿轮轮齿齿廓形状的参数有哪些？

3. 公法线千分尺使用中如何读数（实验前熟悉公法线千分尺读数方法）？

4. 何谓齿轮的测量公法线长度？标准齿轮的公法线长度 W_k 应如何计算？

5. 变位齿轮传动有哪些传动类型？其主要特征是什么？

三、实验目的

1）初步掌握用游标卡尺等工具测定渐开线圆柱齿轮基本参数的基本方法。

2）通过测量和计算，熟练掌握齿轮几何尺寸的计算方法，明确齿轮各几何参数之间的相互关系，加深对渐开线性质的理解和认识。

3）掌握渐开线标准直齿圆柱齿轮与变位齿轮的判别方法。

4）了解变位后对轮齿尺寸产生的影响。

四、实验内容

单个渐开线直齿圆柱齿轮的基本参数有：齿数 z、模数 m、齿顶高系数 h_a^*、顶隙系数 c^*、分度圆压力角 α、变位系数 x。一对渐开线直齿圆柱齿轮啮合的基本参数有：啮合角 α'、中心距 a。齿轮的基本参数决定了其几何尺寸的大小。通过对几何尺寸的测量，即可确定齿轮的基本参数。

本实验的任务主要是运用公法线千分尺或游标卡尺对模数制直齿圆柱齿轮进行测量，通过计算与比较，测定出单个齿轮与成对齿轮的基本参数，并计算出齿轮的各几何尺寸。

五、实验设备及工作原理

1. 实验设备

1）渐开线圆柱齿轮一对（奇数齿和偶数齿各一个）。

2）公法线千分尺和游标卡尺。

3）自备计算器及纸、笔等文具。

2. 公法线千分尺工作原理

公法线千分尺主要用来测量模数大于 1 的外啮合圆柱直齿轮或斜齿轮两个不同齿面的公法线长度，其读数精度为 0.01mm。图 5-1 所示为公法线千分尺测量示意图。为了便于伸入齿间进行测量，量爪做成碟形，除此之外，公法线千分尺的结构及使用方法均与外径千分尺相同。

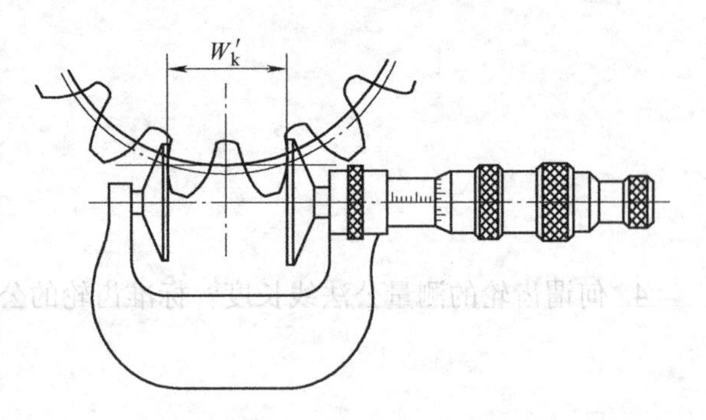

图 5-1 公法线千分尺测量示意图

用公法线千分尺测量时，应注意量爪与齿面接触的位置。如图 5-2 所示，图 a

中两个量爪与齿面在分度圆附近与渐开线相切，位置正确；图 b 中两量爪接触位置在齿顶齿根处，因齿顶齿根修缘，常常不是渐开线，测量结果可能不准确。图 c、d 中两量爪接触位置远离分度圆，测量结果错误。

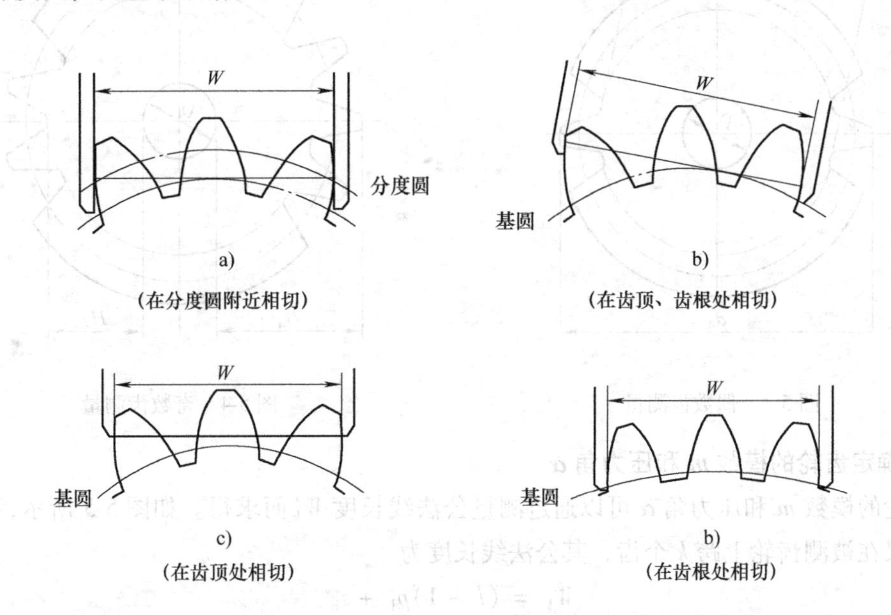

图 5-2　公法线千分尺测量时量爪接触位置

a）正确　b）不好　c）、d）错误

六、实验方法及步骤

1. 确定齿轮齿数 z

直接数出一对被测齿轮的齿数 z_1 和 z_2。

2. 测定齿轮齿顶圆直径 d_a 和齿根圆直径 d_f

齿轮齿顶圆直径 d_a 和齿根圆直径 d_f 可用游标卡尺测出，为了减少测量误差，同一测量值应在不同位置测量三次（每隔 120°测量一次），然后取平均值。

1）当被测齿轮为偶数齿时，齿顶圆直径 d_a 和齿根圆直径 d_f 可直接用游标卡尺测定，如图 5-3 所示。

2）当被测齿轮为奇数齿时，必须采用间接测量法求得齿顶圆直径 d_a 和齿根圆直径 d_f，如图 5-4 所示，分别测出齿轮安装孔直径 D、安装孔壁到某一齿齿根的距离 H_2，另一侧安装孔壁到某一齿齿顶的距离 H_1、然后用下述公式计算出齿顶圆直径 d_a 和齿根圆直径 d_f

$$d_a = D + 2H_1$$

$$d_f = D + 2H_2$$

3. 计算全齿高 h

1）当被测齿轮为偶数齿时，全齿高 $h =（d_a - d_f）/2$。

2）当被测齿轮为奇数齿时，全齿高 $h = H_1 - H_2$。

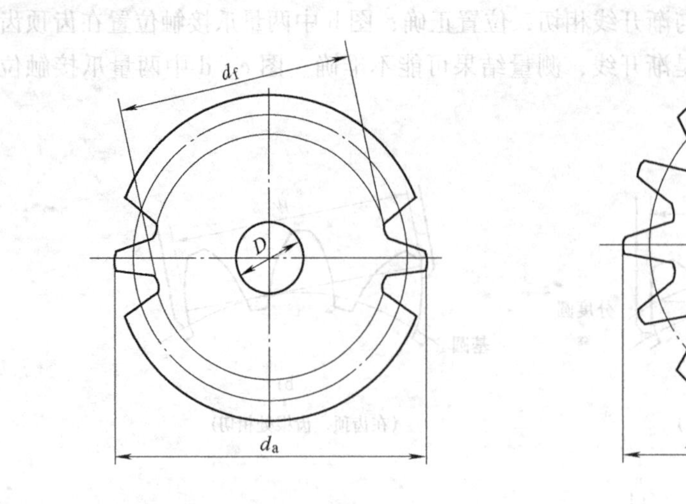

图 5-3　偶数齿测量

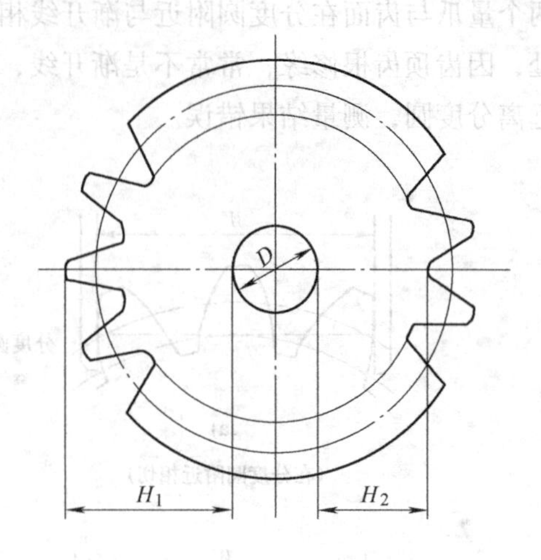

图 5-4　奇数齿测量

4. 确定齿轮的模数 m 和压力角 α

齿轮的模数 m 和压力角 α 可以通过测量公法线长度 W'_k 而求得。如图 5-5 所示，若公法线千分尺在被测齿轮上跨 k 个齿，其公法线长度为

$$W_k = (k-1)p_b + s_b$$

同理，若跨 $k+1$ 个齿，其公法线长度则应为

$$W_{k+1} = kp_b + s_b$$

所以　$W_{k+1} - W_k = p_b - W_k = p_b$　　(5-1)

又因　$p_b = p\cos\alpha = \pi m\cos\alpha$

所以

$$m = \frac{p_b}{\pi\cos\alpha} \qquad (5\text{-}2)$$

式中 p_b 为齿轮的基圆齿距，它可由测量得到的公法线长度 W'_{k+1} 和 W'_k 代入式（5-1）求得。α 可为 15°或 20°，故分别将 15°和 20°代入式（5-2）算出两个模数，取其最接近标准值的一组 m 和 α，根据表 5-1 查出标准模数，即为所求齿轮的模数和压力角。

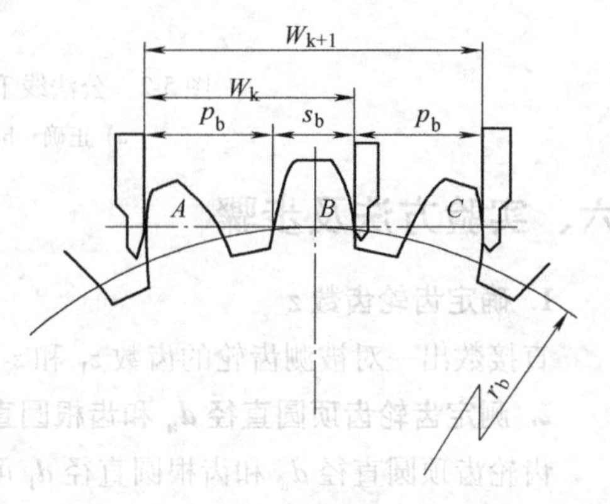

图 5-5　齿轮公法线长度的测量

表 5-1　基圆齿距表

m	p_b		m	p_b		m	p_b	
	20°	15°		20°	15°		20°	15°
1	2.205	3.035	4	11.300	12.137	7	20.665	21.241
2	5.904	6.090	5	14.761	15.172	8	23.617	24.275
3	8.856	9.104	6	17.237	18.207	9	26.569	27.301

公法线长度 W'_k 的具体测量方法如下：

（1）确定跨齿数 k　为使量具的测量面与被测齿轮的渐开线齿廓相切，所需的跨齿数 k 不能随意定，它受齿数、压力角、变位系数等多种因素的影响，实验时可参照表5-2初步确定。

（2）测量公法线长度 W'_k 和 W'_{k+1}　用公法线千分尺在被测齿轮上跨 k 个齿量出其公法线长度 W'_k。为减少测量误差，W'_k 值应在齿轮圆周不同部位上重复测量三次，然后取算术平均值。用同样方法跨（$k+1$）个齿量出公法线长度 W'_{k+1}。考虑到齿轮公法线长度变动量的影响，测量 W'_k 和 W'_{k+1} 值时，应在齿轮三个相同部位进行。

表5-2　跨齿数 k 选择对照表

z	12~18	19~27	28~36	37~45	46~54	55~63	64~72
k	2	3	4	5	6	7	8

5. 确定齿轮的变位系数 x

齿轮的变位系数可由下述两种方法确定：

1）通过比较公法线长度测量值 W'_k 和理论计算值 W_k 确定。由于齿轮的 m、z、α 已知，所以公法线长度的理论值可从标准齿轮公法线长度表中查得或利用式（5-3）计算

$$W_k = m[2.9521(k-0.5)+0.014z] \tag{5-3}$$

若公法线长度的测量值 W'_k 与理论计算值 W_k 相等，则说明被测齿轮为标准齿轮，其变位系数 $x=0$。

若 $W'_k \neq W_k$，则说明被测齿轮为变位齿轮。因变位齿轮的公法线长度与标准齿轮的公法线长度的差值等于 $2xm\sin\alpha$，故变位系数可由式（5-4）求得

$$x = \frac{W'_k - W_k}{2m\sin\alpha} \tag{5-4}$$

变位系数的计算值要圆整到小数点后一位数，并由此判断被测齿轮是何种类型（考虑到公法线长度上齿厚减薄量的影响，比较判定时可将测量值 W'_k 加上一个补偿量 $\Delta S=0.1\sim0.25\text{mm}$）。

2）由基圆齿厚公式计算确定。由基圆齿厚计算式

$$s_b = s\cos\alpha + 2r_b\,\text{inv}\alpha = m\left(\frac{\pi}{2}+2x\tan\alpha\right)\cos\alpha + 2r_b\,\text{inv}\alpha$$

得

$$x = \frac{\dfrac{s_b}{m\cos\alpha} - \dfrac{\pi}{2} - z\,\text{inv}\alpha}{2\tan\alpha} \tag{5-5}$$

式中 s_b 可由前述公法线长度公式求得，即

$$s_b = W_{k+1} - kp_b \tag{5-6}$$

将式（5-6）代入式（5-5）即可求出齿轮的变位系数 x_1、x_2。求出的变位系数要圆整到小数点后一位数，并判断该齿轮属于何种类型。

6. 确定齿轮的齿顶高系数 h_a^* 和顶隙系数 c^*

齿轮的齿顶高系数 h_a^* 和顶隙系数 c^* 可根据齿根高确定。齿根高的计算公式为

$$h_f = m(h_a^* + c^* - x) = \frac{mz - d_f}{2} \tag{5-7}$$

由式（5-7）可得

$$h_a^* + c^* = [(mz - d_f)/2m] + x$$

1）当 $h_a^* + c^* = 1.25$ 时，则该齿轮为正常齿，其中 $h_a^* = 1$，$c^* = 0.25$。

2）当 $h_a^* + c^* = 1.1$ 时，则该齿轮为短齿，其中 $h_a^* = 0.8$，$c^* = 0.3$。

7. 确定一对相互啮合齿轮的啮合角 α' 和中心距 a'

首先判定一对测量齿轮能否相互啮合，若满足正确啮合条件，则将该对齿轮做无齿侧间隙啮合，用游标卡尺直接测量齿轮的孔径 d_{k1}、d_{k2} 及尺寸 b（测定方法如图 5-6 所示），由式（5-8）可得齿轮的测量中心距 a'

$$a' = b + \frac{1}{2}(d_{k1} + d_{k2}) \tag{5-8}$$

然后用式（5-9）计算啮合角 α'。分别将实际中心距 a' 与标准中心距 a，啮合角 α' 与标准压力角 α 加以对照，分析该对齿轮组成的传动类型及特征。

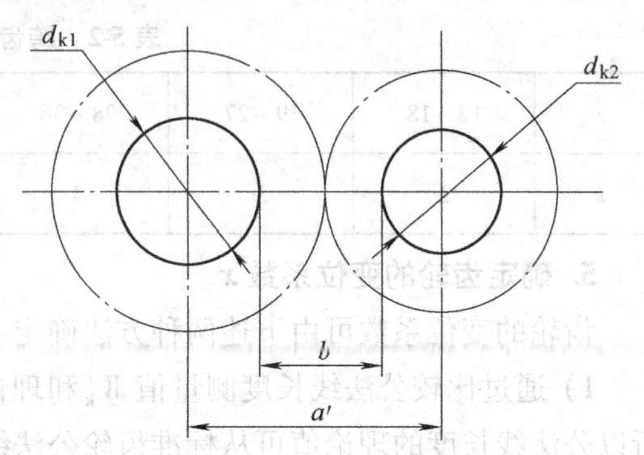

图 5-6 中心距 a' 的测量

$$\alpha' = \arccos\left[\frac{m(z_1 + z_2)\cos\alpha}{2a'}\right] \tag{5-9}$$

七、实验小结

1. 注意事项

1）当测量公法线长度时，必须保证卡尺与齿廓渐开线相切，若卡入 $k+1$ 齿时不能保证这一点，须调整卡入齿数为 $k-1$，而 $p_b = W'_k - W'_{k+1}$。

2）当测量齿轮的几何尺寸时，应选择不同位置测量 3 次，取其平均值作为测量结果。

3）测量尺寸至少应精确到小数点后两位。

4）由测量尺寸计算确定的齿轮基本参数 m、α、h_a^*、c^* 必须圆整为标准值。

2. 常见问题

1）若实验前忘记将游标卡尺与公法线千分尺的初读数调整为零，会影响测量结果，应设法修正。

2）若齿轮被测量的部位选择在粗糙或有缺陷之处，可能会影响测量结果的准确性。

八、工程实践

齿轮作为机械设备一个非常重要的传动零件，在汽车、拖拉机、机床、航空以及轻工机械中得到广泛应用。齿轮质量的好坏在相当程度上将直接影响整机工作性能的发挥。

1. 工程背景

在工业生产中，经常会遇到这样的情况：某台机器设备中的齿轮损坏需要配制或在无图纸和相关技术资料的情况下根据实物反求设计齿轮。此时就需要根据齿轮实物用一定的测量仪器和工具进行齿轮尺寸测量，以推测和确定齿轮的基本参数，计算齿轮的几何尺寸，画出齿轮的技术图纸，从而能够加工制造出所需齿轮。

然而，生产实际中齿轮种类很多，就直齿圆柱齿轮来说就有模数制和径节制之分，有正常齿与短齿两种不同齿制，还有标准齿轮与变位齿轮不同的类型，压力角的标准值也有20°与其他值之别，这些都给实际齿轮参数测定带来一定的困难。实际测量中应首先了解设备的生产时间、生产单位、设备用途及齿轮所处位置等情况，对齿轮的类型、齿制等做出初步的分析。

2. 齿轮参数测量新方法

由于齿轮形状复杂，测量参数较多，因此齿轮测量一直是几何参数测量中的难点，对测量人员的要求也较高。对于一个未知齿轮，其参数测量的传统方法主要是依靠游标卡尺等手工测量工具，对测出的数据进行计算，并得出该齿轮的模数、压力角等参数值。这种测量方法劳动强度大、工作效率低、人为误差较大、测量精度低。

（1）数字图像处理技术的应用　利用机器视觉和图像处理技术手段，实现渐开线齿轮参数的自动化测量，成为降低人体强度，提高工作效率和测量精度的有效方法。这种方法可以代替人工判读，减小机械本身的读数误差、瞄准误差、因工作疲劳引起的人员视觉误差以及测量者固有习惯引起的读数误差等，在保证测量精度，提高测量效率的基础上，进一步提高齿轮测量的应用水平。

利用数字图像处理技术对齿轮几何尺寸进行非接触式测量得到了很好的发展和应用，其具有非接触、高速度、动态范围大、信息量丰富等优点；需要光学照明系统、CCD摄像机、图像采集系统、计算机及相应的软件设备等。

（2）三坐标测量机的应用　近几年发展起来的三坐标测量机已广泛用于机械制造、电子、汽车和航空航天等工业中。工程技术人员利用三坐标测量机开发了一套渐开线圆柱直齿轮的参数测量软件，在原有测量软件PC-DMIS的基础上开发出齿轮测量模块，能快速测量出未知参数的渐开线齿轮的模数、压力角、变位系数等理论参数，对齿轮的反求具有重要的意义，具有方便、快捷、精度高等优点。软件采用VC++作为开发工具，界面简单，操作方便。

基于三坐标测量机结合渐开线方程，通过对异常测点处理、构造更有利于计算的迭代公式，更精确地测出齿轮的基圆半径，并进一步对其他参数实现测量。渐开线齿轮参数的算法框图，如图5-7所示。该方法实用性较强，不但能测量完整齿轮的参数，而且能对不完整的齿轮进行测量，是一种先进的测量手段，能广泛地运用到现实测绘中。

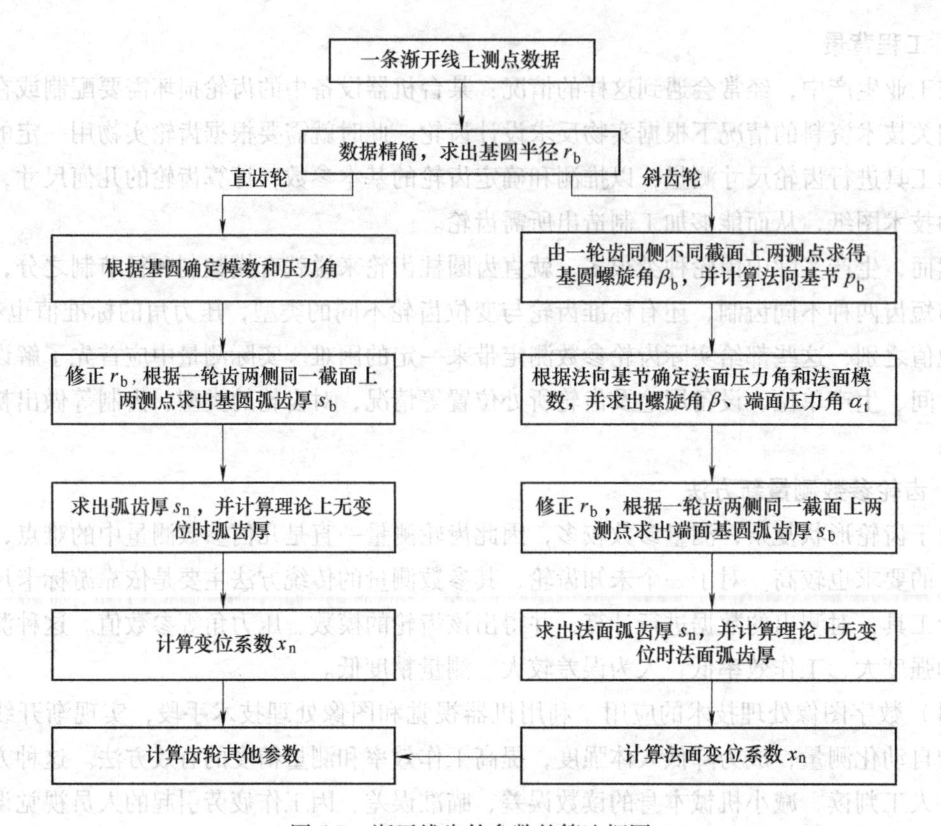

图 5-7　渐开线齿轮参数的算法框图

实验报告五

实验名称：________________　　实验日期：________________

班级：________________　　姓名：________________

学号：________________　　同组实验者：________________

实验成绩：________________　　指导教师：________________

（一）实验目的

（二）实验用具

（三）实验结果

1. 齿顶圆 d_a、齿根圆 d_f、全齿高 h 测量结果

齿轮	偶数齿轮				奇数齿轮			
齿数 z								
跨齿数 k								
测量次数	1	2	3	平均值	1	2	3	平均值
齿根圆直径 d_f								
齿顶圆直径 d_a								
全齿高 h								

2. 公法线长度 W'_k、基节 p_b、模数 m、压力角 α 测量结果

齿轮	偶数齿轮				奇数齿轮			
测量次数	1	2	3	平均值	1	2	3	平均值
W'_k								
W'_{k+1}								
基节 p_b								
模数 m								
压力角 α								

3. 变位齿轮的判定

齿轮	偶数齿轮	奇数齿轮
W_k		
W'_k		
变位系数 x		
结论		

4. 齿顶高系数 h_a^* 和顶隙系数 c^*

齿轮	偶数齿轮	奇数齿轮
齿顶高系数 h_a^*		
顶隙系数 c^*		
结论		

5. 实际中心距 a' 和啮合角 α'

齿轮	偶数齿轮	奇数齿轮
标准中心距 a		
实际中心距 a'		
啮合角 α'		
结论	实际中心距 a'　　标准中心距 a 啮合角 α'　　标准压力角 α	

（四）思考问答题

1. 测量齿轮公法线长度的公式 $W_k = (k-1)p_b + s_b$ 是根据渐开线的什么性质推导而得？

2. 测量齿轮公法线长度时，为何要对跨齿数 k 提出要求？

3. 能否根据齿顶圆、齿根圆直径大小来判定是标准齿轮还是变位齿轮？为什么？

4. 当分度圆上的压力角 α 及齿顶高系数 h_a^* 的大小未知时，那么本实验的参数能否测定？如何来测定？

5. 在测量 d_a 和 d_f 时，对偶数齿与奇数齿的齿轮在测量方法上有何不同？

6. 根据测定的齿轮参数，如何判断其能否正确啮合？若能，怎样判别其传动类型？

7. 在测量一对啮合齿轮的参数时，两齿轮做无齿侧间隙啮合，分析此时两轮齿顶间隙是否为标准值 $c^* m$？为什么？

（五）实验心得、建议和探索

第六章　机构运动参数测定实验

一、概述

在设计新的机械或分析现有机械的工作性能时，必须首先计算其机构的运动参数，对机构进行运动分析。所谓机构的运动分析，是指在已知机构尺寸的情况下，根据原动件的运动规律对机构中其他构件上某些点的位移、轨迹、速度和加速度，以及这些构件的角位移、角速度和角加速度进行分析和测定。

机构运动参数的测定实验是利用电测手段或计算机对所研究的机械进行实验检测。该实验有助于更直观地了解各种单个机构的运动规律及组合机构的运动规律，通过比较这些机构之间的性能差别和应用范围，以获得实际工作状态下机构的运动参数和力学参数，从而为分析和评价机械是否符合设计要求提供实测依据，有助于提高学生对机构的设计与分析能力。

二、预习作业

1. 机构运动分析包括哪些内容？

2. 对机构进行运动分析的主要目的是什么？

3. 机构运动分析的方法有哪些？解析法分析机构运动的关键是什么？

4. 从理论上分析曲柄导杆机构的机架长度及滑块偏置尺寸对运动参数有何影响？

5. 在曲柄滑块机构中，位移、速度、加速度的变化分别对哪个几何参数最敏感？

6. 在导杆滑块机构中，位移、速度、加速度的变化分别对哪个几何参数最敏感？

三、实验目的

1）加深对机构“运动参数”的感性认识，了解机构中构件的运动规律。

2）掌握测量数据的采集、分析和处理方法。

3）通过实验了解利用电测法测量机构运动参数（线位移、线速度、线加速度、角位移、角速度、角加速度）的基本原理和方法。

4）通过对实验结果与理论数据的比较，分析误差产生的原因，增强工程意识，树立正确的设计理念。

5）利用计算机对平面机构的结构参数进行优化设计，然后通过计算机对该平面机构的运动进行仿真和测试分析，从而实现计算机辅助设计与计算机仿真和测试分析有效的结合，培养学生的创新意识。

四、电测法进行运动参数测试与分析

1. 实验仪器及设备

1）正弦机构运动参数实验台。

2）SC16 光线示波器。

3）稳压电源、动态电阻应变仪。

4）测速仪。

5）电桥、传感器及导线若干。

2. 实验原理

图 6-1 所示为电测法测量系统原理框图。首先将机械量转换成电量。实现这种转换的元件和装置分别称为传感器和转换器，即一次仪表。转换后，有些电量很微弱或很强，因而常需配用放大器、衰减器和由测试电路构成的专用测量仪表，即二次仪表。然后根据需要，连接显示仪表、记录仪表或分析仪表来显示、记录或分析被测的参数。

正弦机构运动参数实验台由三相交流电动机驱动蜗杆减速器，减速器输出轴带动正弦机

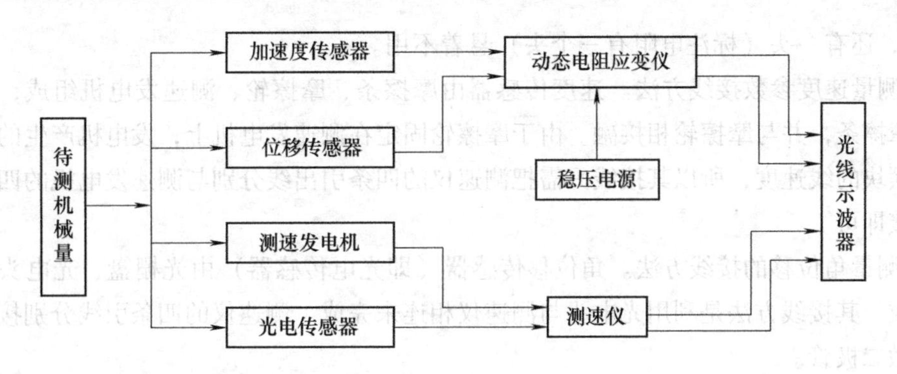

图 6-1　电测系统原理框图

构的曲柄（即圆盘），经滑块，最后使从动导杆做水平往复移动，其原理如图 6-2 所示。本实验通过测取正弦机构中角位移、线位移、线速度、线加速度等运动参数，了解其间的函数关系和变化规律。

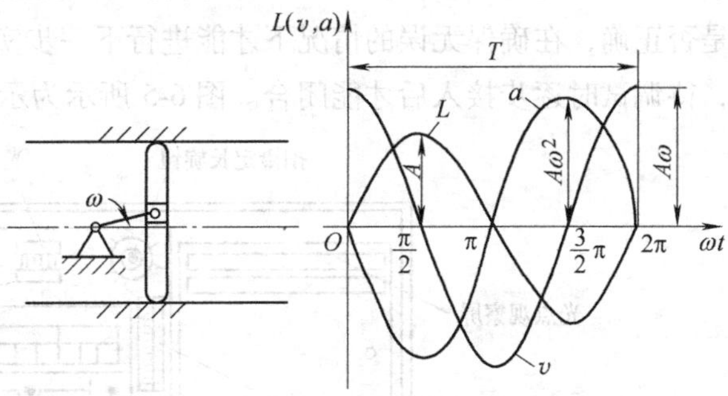

图 6-2　正弦机构简图及其运动规律

3. 实验准备

（1）接线

1）测量加速度参数的接线方法。加速度传感器选用簧片式（应变片式）传感器。加速度传感器有四条引出线。因为传感器内部已接成全桥线路，所以在应变仪的桥盒上只要分别接 1，2，3，4 接线柱即可（注意传感器四条引出线，相同颜色的是对角线，即 1，3 和 2，4 接线柱）。

2）测量位移参数的接线方法。位移传感器是由一条电阻丝和一动触头组成的滑线电阻，滑线电阻与电桥盒相连接组成桥路送入动态电阻应变仪，动态电阻应变仪输出正比于电阻变化量的大小，而外电阻变化量正比于电阻丝的长短。其接线方法与上述接线方法类似，都是利用动态电阻应变仪的电桥盒，所不同的是不能直接用全桥接法和半桥接法去完成。接线原理可用图 6-3 来表示，其点划线框内所示即为滑线电阻。图 6-4 是接线图，即利用电桥盒中的内半桥和由标准电阻、滑线电阻构成的外半桥组合成全桥送入动态应变仪。其点划线框内所示仍然为滑线电阻，标准电阻是利用应变仪备件中的标准电阻，用时，只能接两头

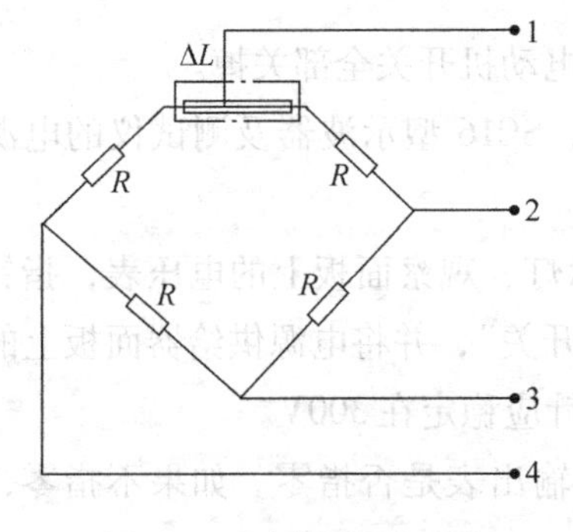

图 6-3　电桥接线原理图

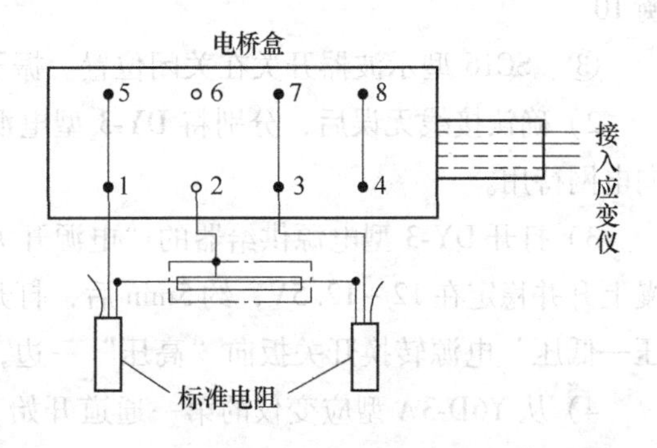

图 6-4　电桥接线图

(120Ω)，还有一头（标注电阻有三个头）悬着不用。

3）测量速度参数接线方法。速度传感器由摩擦条、摩擦轮、测速发电机组成，摆块下沿连有摩擦条，并与摩擦轮相接融。由于摩擦轮固定在测速发电机上，发电机产生的电动势正比于摆块的线速度，所以其接线只需把测速仪的四条引出线分别与测速发电机的四个接线柱相连接即可。

4）测量角位移的接线方法。角位移传感器（即光电传感器）由光栅盘、光电头和放大电路组成。其接线方法是利用光电头与测速仪相连来完成。测速仪的四条引线分别接聚光灯泡和光敏二极管。

在完成上述部分接线的基础上，再按图6-1完成总体接线。接线完毕后，要认真检查线路是否正确，在确保无误的情况下才能进行下一步实验。注意此时示波器的振子开关不能闭合，待调试时逐步接入后才能闭合。图6-5所示为示波器面板图。

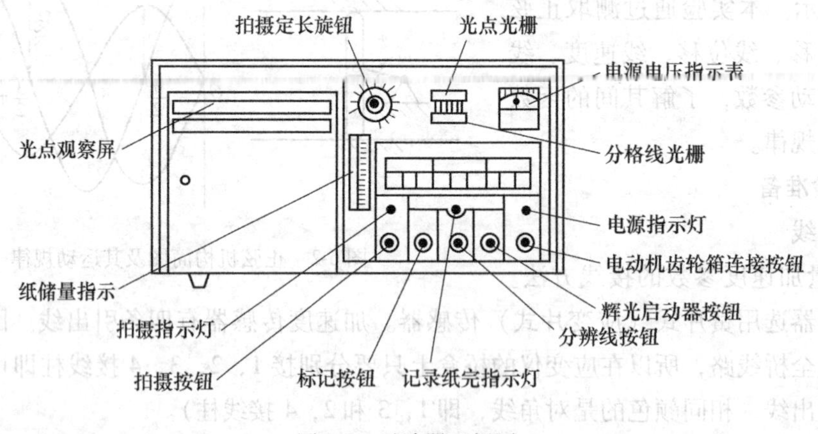

图6-5　示波器面板图

（2）平衡调试

1）检查各开关的工作位置。其工作位置应分别处于以下状态。

①　DY-3型电源供给面板上的“电源开关”和“高压开关”全在闭合位置，“高压—低压”电源转换开关在“低压位置”。

②　Y6D-3A型应变仪六个放大器面板上的“衰减”开关在“0”；“标测”开关在“测”；“标定”开关在“0”；“电阻平衡”的“粗细”调节开关在“细”；输出开关在“平衡10”。

③　SC16型示波器开关在关闭位置。振子开关、电动机开关全部关掉。

2）确认接线无误后，分别将DY-3型电源供给器、SC16型示波器及测试仪的电源线引向电网待用。

3）打开DY-3型电源供给器的“电源开关”，指示灯、观察面板上的电压表，指针应慢慢上升并稳定在12～12.5V，约5min后，打开“高压开关”，并将电源供给器面板上的“高压—低压”电源转换开关扳向“高压”一边，电表指针应稳定在300V。

4）从Y6D-3A型应变仪的第一通道开始，先观察输出表是否指零。如果不指零，调节“基零调节”电位器，使表针指零。

5）将“衰减”开关转换到“100”，观察输出表和平衡指示是否都指零。如果不指零，用“电阻平衡”和“电容平衡”调节到两个表针大致指零。然后将衰减开关依次转到“30”、“10”、“3”，并用“电阻平衡”和“电容平衡”分别调节到两个表针大致指零。最后将“衰减”开关扳到“1”，仔细观察到两个表针指零。如果“电阻平衡”电位器旋到端点仍不能使输出表针指零，则将它下面的“粗细”转换开关扳到“粗”（这时“衰减”开关扳向零），以增大预调平衡范围。如果用“电阻平衡”和“电容平衡”调节能使输出表针指零，但不能使平衡指示表针指零，则需使用电桥盒内的电容器进行调整。

6）将“标测”转换开关扳到“标”方向。观察输出表（上表）是否指零，如果不指零，可调节“基零调节”使输出为零，然后用“标定”开关给出 ±30 V 微应变的标准信号，输出电流表应指 ±7.5 mA，或调节“灵敏度”电位器输出表到 ±7.5 mA，此时即调到了额定灵敏度。

7）将“标测”转换开关扳到“测”再检查一次平衡，如有不平衡则再次调到平衡。

8）同样将其余五个通道调到平衡和额定灵敏度。

9）预热 30min 以后，再检查一次平衡。

10）取出卷纸筒将记录纸装入纸筒，应使药膜朝里，并注意装卷记录纸必须在暗室或光线较暗处进行。

4. 实验方法及步骤

1）打开示波器电源开关，电源指示灯亮，电压表指示出工作电压，此时系统恒温装置加热。

2）按下“辉光启动器”按钮并按顺时针方向使旋钮锁住，使超高压汞灯点亮，汞灯一般 5min 左右才明亮细小。

3）调节光点光栅，使光点获得满意的清晰度。

4）根据所选用的振子，在电阻应变仪面板上，将“输出”开关扳到“测量”的一边，放在“测量 12”或“测量 16”等相应位置上（“输出”开关的“测量”边 12、16、20、24 分别指 FC6-500、FC-2500、FC6-1200、FC1-5000 四种振子的公称内阻的值）。本实验中，速度输出和光电输出用 FC-2500 振子。

5）接通主机电源，待主机运转正常后，将被测信号输出线接入示波器，然后起动测速仪，并将灯泡调到适当的亮度。

6）旋动动态电阻应变仪面板上的“衰减”挡到适当位置（使光点振动幅度为最佳）。

7）按下电动机按钮并将其锁牢，此时电动机转动，按下“变速”键中的任意一个，拍摄即可开始（如果不按下“变速”按钮，本机将以最低速度拍摄）。

8）按下“拍摄”按钮，拍摄开始，在低速拍摄时可将“拍摄”按钮锁牢。

9）待记录纸输出 10 ~ 15cm 后，将“拍摄”按钮释放，变换“变速”按钮，重新拍摄。重复这个步骤 2 ~ 3 次，可得到较满意的拍摄效果（利用“标定”还可对曲线作定量分析，这里不作介绍）。

10）拍摄完毕后按照下列次序停机

① 将应变仪“衰减”退至“0”，切断主机电源。

② 关掉聚光灯电源，然后关闭测速仪电源开关。

③ 将示波器面板上的“辉光启动器”及“电动机”按钮释放，关闭其电源开关。

④ 先将稳压电源“高压—低压”开关关闭，接着将“高压”开关关闭，最后关闭电源开关。

5）将各电源线撤离电网。

五、计算机系统进行运动参数测试与分析

1. 实验仪器及设备

1）实验机构——曲柄滑块机构、曲柄导杆机构（见图 6-6、图 6-7）。

2）线位移传感器、角位移传感器。

3）计算机、打印机。

本实验机构配套的为曲柄滑块机构及曲柄导杆机构（也可采用其他各类实验机构），其动力源采用直流调速电动机，电动机转速可在 0～3000r/min 范围内作无极调速。经蜗杆减速器减速，机构的曲柄转速为 0～100r/min。

实验利用往复运动的滑块推动光电脉冲编码器，输出与滑块位移相当的脉冲信号，经测试仪处理后将可得到滑块的位移、速度及加速度。图 6-6 为曲柄滑块机构的结构形式、图 6-7 为曲柄导杆机构的结构形式，后者是前者经过简便的改装而得到的，在本装置中已配有改装所必备的零件。

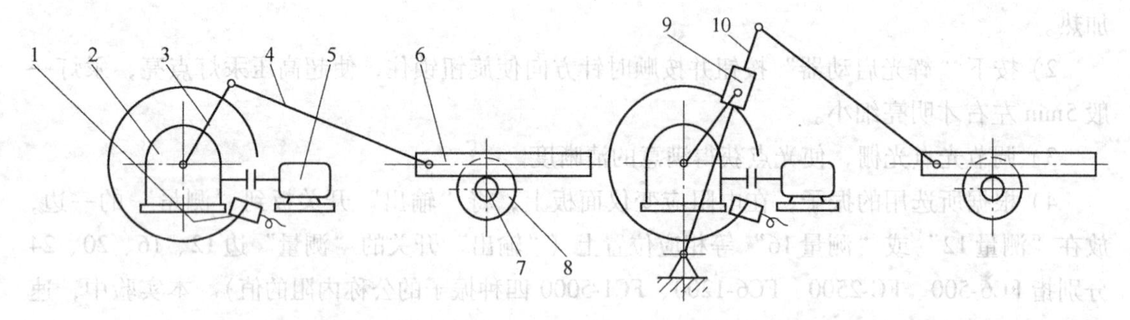

图 6-6 曲柄滑块机构

1—同步脉冲发生器 2—蜗杆减速器 3—曲柄 4—连杆 5—电动机 6—滑块 7—齿轮 8—光电脉冲编码器

图 6-7 曲柄导杆机构

9—滑块 10—导杆

2. 实验原理

微机测试机构运动参数的硬件系统采用单片机与 A/D 转换集成相结合进行数据采集，传感器采用光电式角位移传感器和线位移传感器。硬件系统原理框图如图 6-8 所示。

数据通过传感器与数据采集分析箱（控制器）将机构的运动数据通过计算机串口送到 PC 机内进行处理，形成运动构件运动参数变化的实测曲线，为机构运动分析提供手段和检测方法。

传感器可分别安装在相应的旋转构件或移动构件上。在每种机构的输入及输出端均有安装位置。

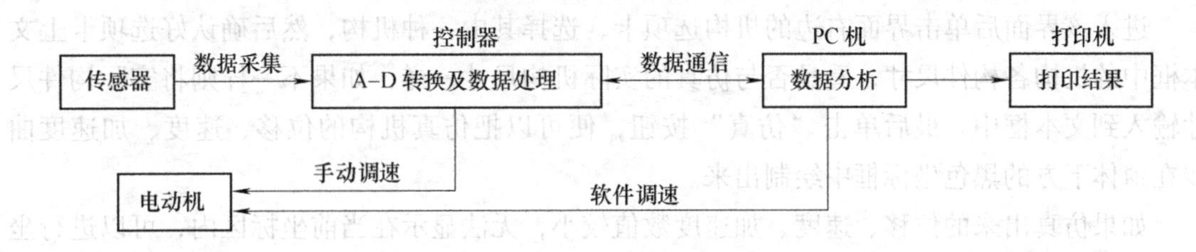

图6-8　硬件系统原理框图

实验台配有数据检测箱一个，其正面板和背面板如图6-9所示。正面板上三个键为调速键，依次为“增加”“减小”“停止”，显示窗口将显示调速挡（0～20）。

背面板上有两个数字量接口和两个模拟量接口，将光栅传感器接线接在“数字量1”上，直线位移传感器接线接在“模拟量4”上。

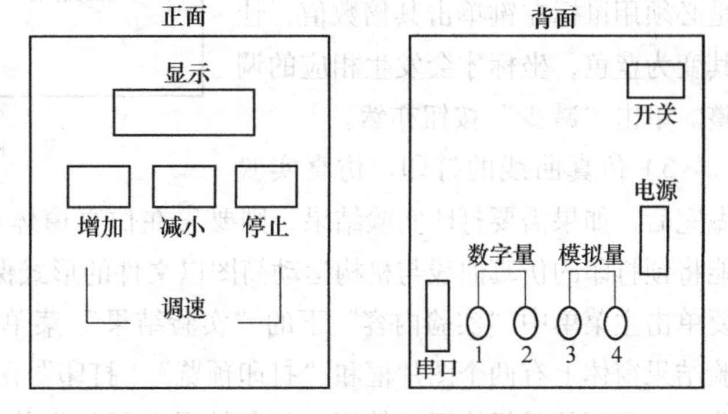

图6-9　数据采集分析箱面板

实验时选择铰链四杆机构、曲柄滑块、导杆机构等机构中的一种对其进行运动参数（包括线位移、角位移、速度、加速度等）的测定及分析，进而说明它们之间的函数关系。

3. 实验准备

（1）软件操作说明　本实验是利用机构测试分析专用软件进行的，该软件是用VB语言设计开发的，软件安装完毕可暂时关闭计算机。

单击可执行文件进入主界面。主界面包括四个主菜单：文件、实验内容、帮助和公式备查。

“文件”有一个下拉菜单：“退出”。单击“退出”，程序会终止运行而结束。

“实验内容”包括：实验录像、实验原理说明、实测、仿真和实测、实验结果五个子菜单。“实验结果”菜单在“仿真”与“实测”的基础上才能操作，其余的菜单单击就能进入相应的窗体，通过单击菜单可以实现各窗体之间的切换。

“帮助”包括：帮助（H）和关于本软件两个菜单，如果在程序运行中需要得到帮助可以单击“帮助（H）”，如果想要了解有关本软件的相关信息可以单击“关于本软件”。

“公式备查”：以Web页的形式显示各种平面机构运动关系的计算公式。

（2）了解软件操作的注意事项

1）实验录像的播放。实验录像窗体有两个按钮：停止和播放。必须注意的是，在切换到其他窗体以前必须单击“停止”按钮。

2）机构的仿真。仿真窗体包括两个图片框：上方的是机构简图框，显示各机构的简单示意图。下方黑色的是仿真曲线框，可以对铰链四杆机构、曲柄滑块机构、导杆滑块、导杆摇杆、凸轮、槽轮等六种机构进行仿真。机构简图框右边是机构选项卡，可以对以上六种仿真机构类型进行选择。

进入该界面后单击界面右边的机构选项卡，选择其中一种机构，然后确认好选项卡上文本框中的机构各构件尺寸，看是否与仿真的实际机构尺寸一样，如果不一样则将实际构件尺寸输入到文本框中。最后单击“仿真”按钮，便可以把仿真机构的位移、速度、加速度曲线在窗体下方的黑色坐标框中绘制出来。

如果仿真出来的位移、速度、加速度数值较小，无法显示在当前坐标区内，可以进行坐标调整（一般情况下无须调整）。

如图 6-10 所示单击“增加”按钮缩放倍数会逐渐增加。值得注意的是必须用鼠标左键单击其倍数值，让其变为蓝色，坐标才会发生相应的调整。单击“减少”按钮亦然。

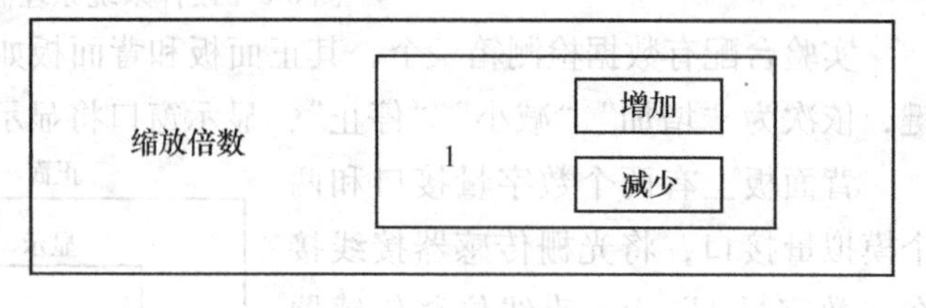

图 6-10　坐标调整示意图

3）仿真曲线的打印。仿真实验做完后，如果需要打印实验结果，则要先在仿真窗体单击“打印结果”按钮，注意：这只能将预打印的仿真曲线与机构运动简图以文件的形式保存到实验结果中，要将其打印出来还要单击主菜单中“实验内容”下的“实验结果”菜单。单击之后实验结果窗体将现出。实验结果窗体上有两个图片框和“打印预览”“打印”两个按钮。上面的图片框显示的是仿真曲线，下面的是机构运动简图。打印结果必须是先单击“打印预览”，后单击“打印”。如果在预览时，预打印的曲线不在预览窗口，必须返回仿真窗体进行坐标调整，让需要打印的量出现在坐标轴内再进入打印窗体。

4）机构曲线的实测。单击主菜单“实测”将实测窗体调用出来。该窗体主要包括两个曲线显示框、一个操作选项卡。上面的图片框显示光栅角位移传感器所测到的曲线，下面的图片框显示直线位移传感器所测到的曲线。操作选项卡有“文件”“设置”“操作”三个选项页。首先观察执行机构是否启动，如果没有则开启。该窗体上有“增加”按钮“减少”按钮和“停止”按钮，分别可以增加和减少电动机当前的速度，也可以让电动机停止。机构启动后，单击窗体右上角操作选项卡中“操作”页的“采集”按钮，便可对机构进行实测了。如果测到的曲线没有在图片框中，就需对曲线和坐标做一定的调整，在“设置”选项页中有坐标的缩放与上下移动，坐标的缩放与仿真窗体的一样。曲线调整可以由三个可输入的文本框进行，输入一定的缩放系数到文本框，单击该文本框下的“确定”按钮，则可调整曲线的纵坐标大小。“文件”选项页有“保存文件”和“打开文件”两个按钮，可以将采集到的曲线以文件的形式保存和打开。

5）实测曲线的打印。与仿真曲线的打印操作步骤基本一致，先在实测窗体中确定预打印的实测曲线，然后单击该窗体中的“打印结果”按钮，再单击主菜单中的“实验结果”。在实验结果窗体中先单击“打印预览”，再单击“打印”。

4. 实验方法及步骤

1）运动机构的选择。在现有的机构中选择一种运动机构（如牛头刨床）作为测试对象。在安装平台（底座）上，将其安装完毕后，用手转动曲柄，观察该机构运转是否正常。

2）传感器的安装。详见有关说明书。

3）对硬件测试系统的连接。按对应的连接插头、插孔，将传感器、数据采集分析箱、PC机、打印机、电动机依次连接。

4）在上述工作完成之后，进入了实测阶段，首先合上总电源。

5）打开采集分析箱电源，按“增加”键，逐步增加电动机转速，观察机构运动。

6）开启计算机，并进入“检测”界面，观察相应机构的运动情况，调整缩放比例，将实测曲线或仿真曲线调整在合适的界面内。

7）打印实测曲线或仿真曲线。

六、实验小结

1. 注意事项

1）面板上调速旋钮逆时针旋到底时转速最低。

2）检查各运动构件运动状况，各螺母紧固件应无松动，各运动构件应无卡死现象。

3）机构运动正常后，才可将传感器安装在被测构件上。

2. 常见问题

1）安装传感器时，若单边拧紧螺钉，会损坏传感器，影响测试结果的准确性。

2）在接线过程中，可能会出现错接或漏接的现象，此时应认真检查，确保无误的情况下再进行下一步实验。

七、工程实践

一台机器或机构的性能究竟如何，首先需要对其运动特性进行分析和评价，即要完成机构运动参数的测量。通过对机构进行运动分析，可以了解机构中各构件速度或加速度的变化规律，检验其能否满足工作机械对运动性能的要求，同时，为进一步研究机械的动力性能提供必要的理论依据。

1. 电动往复锯运动性能分析

电动往复锯是一种由电动机驱动，通过锯条的往复和摆动动作，用来切割各种材料的一种手持式电动工具，如图6-11所示。它具有轻便、操作简单、省力、工作效率高等特点，广泛应用于建筑、装修、工厂、家庭等场所。电动往复锯一般是由机壳、电动机、传动机构、抬刀机构、锯条和开关组成。

a)　　b)

图6-11　电动往复锯

电动往复锯的传动机构将电机的旋转运动最终转换为锯条的直线切削运动（往复运动），锯条的运动性能是机器切割性能的决定性影响因素之一。当传动机构设计确定后，可根据相应的运动参数公式计算出锯条的水平位移、速度、加速度的变化数值，进而描绘出它们随时间变化的曲线，提供往复锯性能分析的依据。锯条的水平位移表征了往复锯的工作效率；加速度表征了往复锯工作过程中的冲击强度和操作者的舒适度。可以通过调整设计参数对以上性能参数进行修改，分析结构参数变化对往复锯运动特性的影响，为该机构的设计提供参考，以达到满意的设计结果。

2. 飞机着陆运动参数测量

飞机起落架是飞机起飞和着陆中的重要承力部件，其强度是否满足设计要求，将直接关系到飞机的顺利起降和机上人员的安全。飞机在着陆时起落架将要承受很大的载荷，因此在对起落架的设计过程中，需要通过建立复杂运动模型，计算得出其受力情况，在起落架制造过程中同样也需要进行一系列的强度试验。当飞机制造完毕，进入飞行试验设计定型阶段时，必须进行真实环境中的起落架强度鉴定试飞，才能最终验证该起落架的设计是否能够满足要求。通过对飞行过程中起落架所承受的过载进行准确测量和分析，得出起落架在某种状态下所承受的力的变化过程，从而为起落架的设计定型和寿命评估提供准确依据。在此类实验过程中，需要准确和即时地测量出飞机在着陆时刻段的运动参数，如飞机的运动轨迹、水平速度、下沉速度、飞机主轮触地瞬间的运动速度等。传统的研究主要是在起落架上加装应变传感器，测量出飞机在着陆和地面运动时的传感器变化量，通过分析得出作用在起落架上的外载荷时间历程，进而分析其受力变化。

针对这种需求，工程技术人员提出，在飞机着陆区布设多台高速摄影机，联合全站仪、校准设备等，构成完整的测量系统，对飞机的着陆过程进行测量，得到所需运动参数。凭借数字高速摄影机的无接触、高帧频的特点，快速、直观地为此类飞行试验提供及时和准确的数据依据。

采用高速影机获取飞行试验过程中的相关参数，具有精度高、直观、解算速度快等优点。测量结果经过实测检查，精度可以满足实验要求。该测量方法能够及时有效地提供给飞行员，准确判断出是否已达到要求的飞行状态，为下一次飞行提供决策依据。在飞行试验外部参数测试中，摄影测量具有其他测量方法无法替代的高精度、无接触的测量优点，通过在现场架设多部高速摄影测量站，再配合光电经纬仪、雷达、机载 GPS 等测量设备构成完整的测量网络，并进行多传感器的信息融合，将会在飞行试验外部运动参数测量中取得更好的效果。

实验报告六

实验名称：________________ 实验日期：________________

班级：________________ 姓名：________________

学号：________________ 同组实验者：________________

实验成绩：________________ 指导教师：________________

（一）实验目的

（二）实验结果

<table>
<tr><td>被测机构运动简图</td><td colspan="3">要求：标注构件参数及尺寸</td></tr>
<tr><td rowspan="2">电测法测量实验曲线</td><td>机构位置图</td><td>机构速度线图</td><td>机构加速度线图</td></tr>
<tr><td></td><td></td><td></td></tr>
</table>

（续）

	机构位置图	机构速度线图	机构加速度线图
计算机测试系统实验曲线			

（三）实验运动线图分析

1）讨论实测结果的真实性，有无测量失真问题。

2）在不失真的前提下，讨论各曲线之间的逻辑关系。

3）对机构运动规律的分析（有无急回特性，有无冲击，最大行程，最大速度及最大加速度出现的位置，极限位置的速度、加速度等）。

（四）思考问答题

1. 电测法中是怎样将运动参数转换成电参数的？又如何将这些电参数进行处理，最后进行记录或显示的？

2. 用电测法分析机构的运动规律有何优点？

3. 计算机测试系统对机构作运动分析时是如何采集运动参数信息的？

4. 影响运动参数测量精度的因素有哪些？

5. 通过本实验，你是否更加了解相关机构的运动特性？

6. 测试系统有否测量失真？其主要原因是什么？

7. 理论曲线和实验曲线结果有何差异？原因何在？

8. 说明几何参数的变化过程中，位移、速度、加速度曲线的基本形状有无发生根本性的变化。为什么？

（五）实验心得、建议和探索

第七章　机构测试、仿真及设计综合实验

一、概述

现代机械原理课程教学中，越来越注重对学生进行创新意识和创新能力的培养，注重对学生综合分析问题及解决问题能力的培养，注重基本理论与实践过程的有机结合。本实验正是基于此目的所开设的。实验内容涵盖了机构设计、机构运动分析、机械运转及速度波动调节及机构平衡等教学内容，利用计算机仿真技术与实际机构测量相结合的实验手段，对机械原理课程的主要内容进行了系统、综合的实验环节训练。

二、预习作业

1. 凸轮机构从动件常用运动规律有哪些？各具有什么特点？

2. 四杆机构满足怎样的条件才能成为曲柄摇杆机构？

3. 何谓机械运动速度不均匀系数？

4. 平面机构平衡常用什么方法？

三、实验目的

1）利用计算机对平面机构结构参数进行优化设计，并且实现对该机构的运动进行仿真

和测试分析，从而了解机构结构参数对运动情况的影响。

2）利用计算机对实际平面机构进行动态参数采集和处理，作出实测的机构动态运动和动力参数曲线，并与相应的仿真曲线进行对照，从而实现理论与实际的紧密结合。

3）利用计算机对机构进行平衡设置和调节，观察其运动不均匀状况和振动情况，进一步掌握平衡的意义和方法。

4）通过对平面机构中某一构件的运动、动力情况分析测定及整个机构运动波动及振动情况的测定分析，锻炼对于一般机械运动问题进行综合分析的能力。

四、实验仪器及设备

本实验所用仪器有三种类型。

1. ZNH-A/1 曲柄导杆滑块机构多媒体测试、仿真、设计综合实验台

该实验台的测试机构，其中一种形式为曲柄导杆滑块机构（图 7-1），还可拆装成曲柄滑块机构（图 7-2）形式。

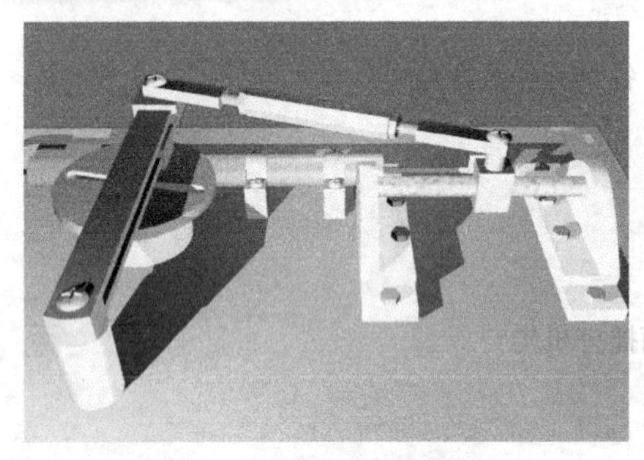

图 7-1　导杆滑块机构实验台

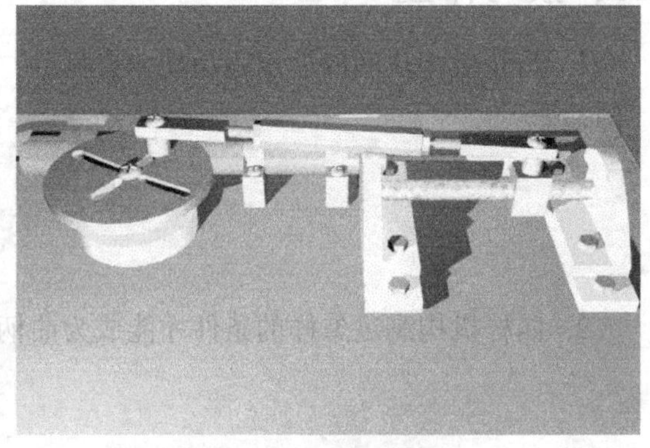

图 7-2　曲柄滑块机构实验台

2. ZNH-A/3 凸轮机构多媒体测试、仿真、设计综合实验台

该实验台的测试机构，其中一种形式为盘形凸轮机构（图 7-3），并配有四个不同运动规律的测试凸轮；另一种形式为圆柱凸轮机构（图 7-4）。

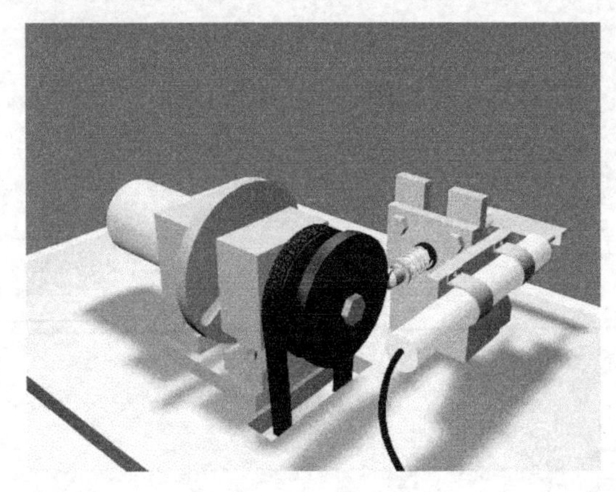

图 7-3　盘形凸轮机构实验台

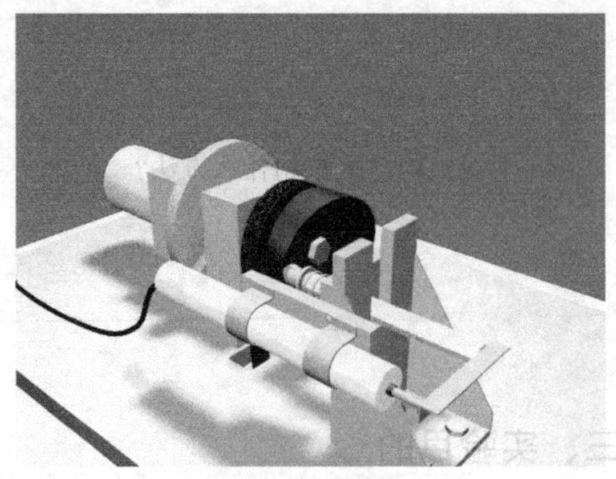

图 7-4　圆柱凸轮机构实验台

其中，四个盘形凸轮的主要技术参数为：

1）凸轮1：推程为等速运动规律，回程为改进等速运动规律。基圆半径 $r_0=40\text{mm}$，滚子半径 $r_r=7.5\text{mm}$，推杆升程 $h=15\text{mm}$，偏心距 $e=5\text{mm}$，推程运动角 $\varphi_0=150°$，远休止角 $\varphi_s=30°$，回程运动角 $\varphi_0'=120°$。

2）凸轮2：推程为等加速等减速运动规律，回程为改进等加速等减速运动规律。基圆半径 $r_0=40\text{mm}$，滚子半径 $r_r=7.5\text{mm}$，推杆升程 $h=15\text{mm}$，偏心距 $e=5\text{mm}$，推程运动角 $\varphi_0=150°$，远休止角 $\varphi_s=30°$，回程运动角 $\varphi_0'=120°$。

3）凸轮3：推程为改进正弦加速运动规律，回程为正弦加速运动规律。基圆半径 $r_0=40\text{mm}$，滚子半径 $r_r=7.5\text{mm}$，推杆升程 $h=15\text{mm}$，偏心距 $e=0\text{mm}$，推程运动角 $\varphi_0=150°$，远休止角 $\varphi_s=0°$，回程运动角 $\varphi_0'=150°$。

4）凸轮4：推程为3-4-5多项式运动规律，回程为余弦加速运动规律。基圆半径 $r_0=40\text{mm}$，滚子半径 $r_r=7.5\text{mm}$，推杆升程 $h=15\text{mm}$，偏心距 $e=5\text{mm}$，推程运动角 $\varphi_0=150°$，远休止角 $\varphi_s=30°$，回程运动角 $\varphi_0'=120°$。

圆柱凸轮的主要技术参数为：推程为等速运动规律，回程为改进等速运动规律。基圆半径 $r_0=40\text{mm}$，滚子半径 $r_r=8\text{mm}$，推杆升程 $h=15\text{mm}$，偏心距 $e=0\text{mm}$，推程运动角 $\varphi_0=150°$，远休止角 $\varphi_s=30°$，回程运动角 $\varphi_0'=120°$。

3. ZNH-A/2 曲柄摇杆机构多媒体测试、仿真、设计综合实验台

该实验台的测试机构如图7-5所示。

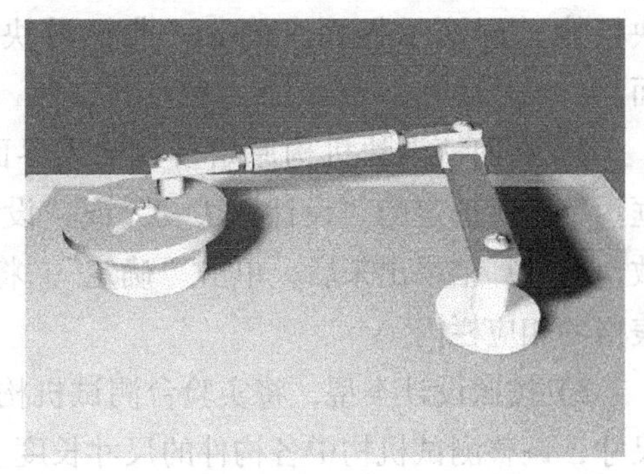

图7-5 曲柄摇杆机构实验台

五、实验原理

在连杆机构中，当原动件为连续的回转运动，输出运动的从动件为往复运动时，若满足一定的构件尺寸条件，机构可能存在急回运动特性。反之，根据急回运动特性的要求，可以设计出一定杆长尺寸的四杆机构。连杆机构虚拟设计系统可以通过对话框输入急回特性系数、摇杆摆角或滑块行程、偏距等尺寸参数，设计出一组满足运动性能要求的构件尺寸。通过数学模型计算得出曲柄真实运动规律，及从动摇杆或滑块的位移、速度、加速度变化规律，以及机构质心的速度和加速度变化规律。通过实验台传感器和A-D转换器进行数据采集及转换和处理，输入计算机，从而显示出实测机构中原动曲柄的运动情况及从动摇杆或滑块的速度、加速度变化情况及机构质心速度、加速度变化情况。

在凸轮机构中，当确定了基圆尺寸、推杆位置和尺寸以及运动规律后，可以确定其凸轮的轮廓形状。凸轮机构虚拟设计系统可以通过对话框输入凸轮机构的公称尺寸和从动件运动规律，设计出相应的凸轮轮廓形状。通过数学模型计算得出凸轮真实运动规律并进行速度波动调节计算和推杆位移、速度、加速度变化曲线。通过实验台传感器和A-D转换器进行采集、转换和处理，输入计算机，从而显示出实测机构中凸轮转角的运动情况和从动推杆的位移、速度、加速度变化情况。

六、实验要求

1）实验前认真预习教材中有关“四杆机构基本特性及设计”“凸轮机构从动杆常用运动规律”“凸轮机构设计”“机器真实运动规律”“平面机构的平衡”等内容，完成实验报告中预习作业。

2）本次实验所用的三种仪器测试机构不同，相应的实验内容和实验步骤也不相同。要求每个学生完成其中一种类型的实验内容。

七、实验方法及步骤

1. ZNH-A/1 曲柄导杆滑块机构综合实验

（1）曲柄滑块机构综合实验

1）单击“曲柄滑块机构”图标，进入机构运动综合实验台软件系统界面。单击鼠标左键，进入曲柄导杆滑块机构动画演示界面。单击界面上“曲柄滑块机构”键，进入曲柄滑块机构动画演示界面。单击“曲柄滑块机构”键，进入曲柄滑块机构原始参数输入界面。

2）在曲柄滑块机构原始参数输入界面，单击“滑块机构设计”键，弹出设计方法选框。单击所选定的“设计方法一”或“设计方法二”，弹出设计对话框，输入相应的设计参数，待计算结果出来后，单击“确定”。将设计参数和计算结果记录在实验报告格式Ⅱ所列表格的相应栏内。

3）按照设计类型，将实验台测试机构拆装成图 7-2 所示的曲柄滑块机构，并根据设计尺寸，调整测试机构中各构件的尺寸长度。

4）起动实验台的电动机，待机构运转平稳后，测定电动机的电流和电压，计算出电动机的功率，将数据填入参数输入界面的对应参数框内。

5）在曲柄滑块机构原始参数输入界面，单击“曲柄运动仿真”键，进入曲柄运动仿真与测试界面，分别进行仿真和实测，并记录相应的运动曲线和实验结果。记录完毕，返回曲柄滑块机构原始参数输入界面。

6）在曲柄滑块机构原始参数输入界面，单击“滑块运动仿真”键，进入滑块运动仿真与测试界面，分别进行仿真和实测，并记录相应的运动曲线和实验结果。记录完毕，返回曲柄滑块机构原始参数输入界面。

7）在曲柄滑块机构原始参数输入界面，单击“机架振动仿真”键，进入机架振动仿真与测试界面，分别进行仿真和实测，并记录相应的运动曲线和实验结果。记录完毕，返回曲柄滑块机构原始参数输入界面。在原始参数输入界面设置平衡块质量 M_{P1}，调整平衡块向径 L_{AP1}，将数据填入对应的参数框内。重新进行“机架振动仿真”，观察实验情况，反复调整设置参数，使实验结果尽可能改善，记录相应的运动曲线和实验结果。记录完毕，返回曲柄滑块机构原始参数输入界面。

8）在曲柄滑块机构原始参数输入界面，单击“连杆运动轨迹”键，进入连杆运动轨迹界面，分别选择图 7-6 所示图形之一，进行运动轨迹仿真，不断调整输入的尺寸数据，观察实验曲线形状，直至与选定图形相似。记录相应的运动曲线和尺寸数据。记录完毕，退出机构综合实验系统。

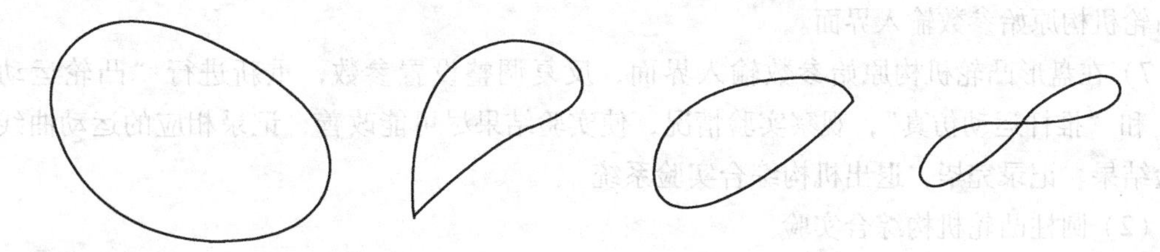

图7-6　连杆曲线

（2）曲柄导杆滑块机构综合实验

1）单击“曲柄滑块机构”图标，进入机构运动综合实验台软件系统界面。单击鼠标左键，进入曲柄导杆滑块机构动画演示界面。单击界面上“导杆滑块机构”键，进入曲柄导杆滑块机构原始参数输入界面。

2）在曲柄导杆滑块机构原始参数输入界面，计算机将设计好的尺寸参数自动输入相应的参数框内。对照设计类型，将实验台测试机构拆装成图7-1所示的曲柄导杆滑块机构，并根据尺寸参数，调整测试机构中各构件的尺寸长度。

3）起动实验台的电动机，待机构运转平稳后，测定电动机的电流和电压，计算出电动机的功率，将数据填入参数输入界面的对应参数框内。

4）在曲柄导杆滑块机构原始参数输入界面，分别单击“曲柄运动仿真”、“滑块运动仿真”、“机架振动仿真”键，进入相应的运动仿真与测试界面，观察实验结果。实验完毕，退出机构综合实验系统。

2. ZNH-A/3 凸轮机构多媒体测试、仿真、设计综合实验

（1）盘形凸轮机构综合实验

1）单击“凸轮机构”图标，进入机构运动综合实验台软件系统界面。单击鼠标左键，进入盘形凸轮机构动画演示界面。单击界面上“盘形凸轮”键，进入盘形凸轮机构原始参数输入界面。

2）在盘形凸轮机构原始参数输入界面，单击“凸轮机构设计”键，弹出设计对话框，任选一个测试盘形凸轮，根据其技术参数选择出相应的推程和回程的运动规律及尺寸参数，待计算结果出来后，单击“确定”。将原始参数和计算结果填写在实验报告格式Ⅰ所列表格的相应栏内。

3）按照设计选定的测试凸轮，将实验台上的测试凸轮换成所选定的盘形凸轮，按照图7-3所示结构，并根据设计尺寸，调整测试机构中各构件的尺寸长度。

4）起动实验台的电动机，待机构运转平稳后，测定电动机的电流和电压，计算出电动机的功率，将数据填入参数输入界面的对应参数框内。

5）在盘形凸轮机构原始参数输入界面，单击“凸轮运动仿真”键，进入凸轮运动仿真与测试界面，分别进行仿真和实测，并记录相应的运动曲线和实验结果。记录完毕，返回盘形凸轮机构原始参数输入界面。

6）在盘形凸轮机构原始参数输入界面，单击“推杆运动仿真”键，进入推杆运动仿真与测试界面，分别进行仿真和实测，并记录相应的运动曲线和实验结果。记录完毕，返回盘形凸轮机构原始参数输入界面。

7）在盘形凸轮机构原始参数输入界面，反复调整设置参数，重新进行“凸轮运动仿真”和“推杆运动仿真”，观察实验情况，使实验结果尽可能改善，记录相应的运动曲线和实验结果。记录完毕，退出机构综合实验系统。

（2）圆柱凸轮机构综合实验

1）单击“凸轮机构”图标，进入机构运动综合实验台软件系统界面。单击鼠标左键，进入盘形凸轮机构动画演示界面。单击界面上“圆柱凸轮”键，进入圆柱凸轮机构原始参数输入界面。

2）在圆柱凸轮机构原始参数输入界面，单击“凸轮机构设计”键，弹出设计对话框，按照测试圆柱凸轮的技术参数选择出相应的推程和回程的运动规律及尺寸参数，待计算结果出来后，单击“确定”，计算机将自动将计算结果原始参数填写在参数输入界面的对应参数框内。

3）按照设计选定的测试圆柱凸轮，将实验台上的测试凸轮换成所选定的圆柱凸轮，按照图 7-4 所示结构，并根据设计尺寸，调整测试机构中各构件的尺寸长度。

4）起动实验台的电动机，待机构运转平稳后，测定电动机的电流和电压，计算出电动机的功率，将数据填入参数输入界面的对应参数框内。

5）在圆柱凸轮机构原始参数输入界面，分别单击“凸轮运动仿真”和“推杆运动仿真”键，进入相应的运动仿真与测试界面，观察相应的运动曲线和实验结果。实验完毕，退出机构综合实验系统。

3. ZNH-A/2 曲柄摇杆机构多媒体测试、仿真、设计综合实验

1）单击“曲柄摇杆机构”图标，进入机构运动综合实验台软件系统界面。单击鼠标，进入曲柄摇杆机构动画演示界面。单击界面上“曲柄摇杆”键，进入四杆机构原始参数输入界面。

2）在四杆机构原始参数输入界面，单击“曲柄摇杆设计”键，弹出设计方法选框。单击所选定的“设计方法一”、“设计方法二”或“设计方法三”弹出设计对话框，输入相应的设计参数，待计算结果出来后，单击“确定”，将原始参数和计算结果填写在实验报告格式Ⅱ所列表格的相应栏内。

3）将实验台测试机构安装成图 7-5 所示的曲柄摇杆机构，并根据设计尺寸，调整测试机构中各构件的尺寸长度。

4）起动实验台的电动机，待机构运转平稳后，测定电动机的电流和电压，计算出电动机的功率，将数据填入参数输入界面的对应参数框内。

5）在四杆机构原始参数输入界面，单击“曲柄运动仿真”键，进入曲柄运动仿真与测试界面，分别进行仿真和实测，并记录相应的运动曲线和实验结果。记录完毕，返回四杆机构原始参数输入界面。

6）在四杆机构原始参数输入界面，单击“滑块运动仿真”键，进入滑块运动仿真与测试界面，分别进行仿真和实测，并记录相应的运动曲线和实验结果。记录完毕，返回四杆机构原始参数输入界面。

7）在四杆机构原始参数输入界面，单击“机架振动仿真”键，进入机架振动仿真与测试界面，分别进行仿真和实测，并记录相应的运动曲线和实验结果。记录完毕，返回四杆机构原始参数输入界面。在原始参数输入界面分别设置平衡块质量 M_{P1} 和 M_{P3}，调整平衡块向径 L_{AP1} 和 L_{AP3}，将数据填入对应的参数框内。重新进行“机架振动仿真”，观察实验情况，反复调整设置参数，使实验结果尽可能改善，记录相应的运动曲线和实验结果。记录完毕，返回四杆机构原始参数输入界面。

8）在四杆机构原始参数输入界面，单击“连杆运动轨迹”键，进入连杆运动轨迹界面，分别选择图 7-6 所示图形之一，进行运动轨迹仿真，不断调整输入的尺寸数据，观察实验曲线形状，直至与选定图形相似。记录相应的运动曲线和尺寸数据。记录完毕，退出机构综合实验系统。

八、实验小结

1. 注意事项

1）在熟知设备性能前，不要随意起动机器。

2）在给仪器设备加电前，应先确认仪器设备处于初始状态；加电后，应先使仪器设备由低速逐渐加载，保证设备的平稳运转，避免出现过大的冲击载荷。

2. 常见问题

1）原动件曲柄或凸轮的真实运动规律不是真正的匀速运动，仔细分析此现象产生的原因。

2）一个构件的运动仿真曲线和实测曲线并不相同，思考造成其差异的主要原因。

九、工程实践

在产品设计、研发阶段，需要利用计算机仿真、虚拟现实等相关技术对机构的运动、动力情况进行仿真和测试分析，从而了解机构结构参数对运动情况的影响。可大大缩短开发周期、节约设计成本、提高产品设计质量、降低劳动强度，实现产品的并行开发。

1. 飞行器控制系统设计与仿真平台

飞行器控制系统作为飞行器（图 7-7）的神经中枢，其可靠性、稳定性及精确度是飞行器安全飞行和执行任务成功与否的重要保障。为保证飞行器的飞行航迹及飞行目标的准确性，对其在飞行过程中数据实时处理的要求越来越高，算法也越来越复杂。建立飞行器控制系统设计与仿真实验平台，可为飞行器的数字化设计及设计过程中的数字仿真与半实物仿真实验提供条件。

平台中的飞行动力学仿真主要用于转台控制。由于没有实际飞行过程，需要利用数学模型计算飞行器实际使用时的飞行轨迹，并解算出飞行器在实际飞行中的姿态。外接多轴转台通过运行平台的硬件接口接受这些信息，并产生相应的转动，体现出飞行器的飞行姿态。这时，与多轴转台固定连接的惯导系统就可以测量得到飞行器的姿态，处理后反馈给控制系统

图 7-7 飞行器

部分。因为使用了转台模拟，惯导系统的工作状态可以做到与实际使用条件基本一致。

在利用该平台进行设计和仿真的过程中，使用模型仿真的方法模拟产生 GPS 信号，供姿态控制系统参考使用。飞行器控制系统设计与仿真实验平台仿真是导航、制导与控制学科及相关学科的重要内容，它能够满足飞行器控制系统设计与仿真的要求，在航空航天领域的科研中发挥重要作用。

2. 多自由度减振平台

采用两平移两转动并联机构作为减振平台的主体结构，在并联机构原动件处辅以弹簧阻尼装置，构成弹性浮动支撑，改变平台固有频率、阻尼元件消耗和吸收平台振动能量，运用反向自适应原理，实现两平移、两转动、多自由度耦合振动衰减。

该减振平台虽然主体结构为复杂的多支路并联机构，但真正起主要减振作用的还是每条支路移动副滑块处的弹簧阻尼系统。由于移动副滑块运动时要克服摩擦力，且所需克服的摩擦力大小与并联机构反向驱动力大小成正比，而并联机构反向驱动力大小与上平台振动能量大小成正比，因此，阻尼部分可采用移动副摩擦阻尼，不需额外设计阻尼器。

两平移、两转动、多自由度减振平台的动态力学性能、稳定性、振动响应以及减振效果主要依赖其主体并联机构的拓扑结构和性能，因此，两平移、两转动、多自由度并联机构的拓扑结构设计和尺度参数设计是减振平台设计的首要问题。

为验证减振平台瞬时位姿下无阻尼固有频率理论分析是否正确，制作 ADAMS 仿真模型和试验样机模型，在动平台上施加冲击载荷进行仿真和试验分析。现以 z 方向平移为例进行讨论，沿 z 方向施加冲击波形为半正弦、脉冲宽度为 10ms，冲击幅值约为 120N，测得仿真加速度响应曲线。由于阻尼的存在，仿真和试验加速度共振频率值略大于无阻尼系统固有频率值是正确的。对其他方向进行仿真与试验分析得到的结论和 z 方向相同。将仿真和试验结果进行分析比较，结果表明动态模拟与试验结果一致，说明基于并联机构组合弹性阻尼减振装置设计理论的正确性和可行性，减振效果明显能满足提出的减振性能要求，而且结构简单，可推广解决其他多自由度减振问题。

实验报告七

实验名称：＿＿＿＿＿＿＿＿　　实验日期：＿＿＿＿＿＿＿＿

班级：＿＿＿＿＿＿＿＿　　姓名：＿＿＿＿＿＿＿＿

学号：＿＿＿＿＿＿＿＿　　同组实验者：＿＿＿＿＿＿＿＿

实验成绩：＿＿＿＿＿＿＿＿　　指导教师：＿＿＿＿＿＿＿＿

（一）实验目的

（二）实验结果

凸轮机构综合实验（Ⅰ）

<table>
<tr><th>项目</th><th colspan="6">参数或结果</th></tr>
<tr><td rowspan="5">机构设计</td><td rowspan="5">选择设计参数</td><td colspan="2"></td><td rowspan="5">设计结果</td><td colspan="2"></td></tr>
<tr><td colspan="2"></td><td colspan="2"></td></tr>
<tr><td colspan="2"></td><td colspan="2"></td></tr>
<tr><td colspan="2"></td><td colspan="2"></td></tr>
<tr><td colspan="2"></td><td colspan="2"></td></tr>
<tr><td rowspan="7">凸轮运动测试与仿真</td><td colspan="2">推程运动规律</td><td></td><td colspan="2">回程运动规律</td><td></td></tr>
<tr><td rowspan="6">运动仿真</td><td>曲线</td><td></td><td rowspan="6">运动测试</td><td>曲线</td><td></td></tr>
<tr><td rowspan="5">结果</td><td></td><td rowspan="5">结果</td><td></td></tr>
<tr><td></td><td></td></tr>
<tr><td></td><td></td></tr>
<tr><td></td><td></td></tr>
<tr><td></td><td></td></tr>
</table>

（续）

<table>
<tr><td>项目</td><td colspan="6">参数或结果</td></tr>
<tr><td rowspan="2">推杆运动测试与仿真</td><td colspan="3">推程运动规律</td><td colspan="3">回程运动规律</td></tr>
<tr><td>运动仿真</td><td>曲线</td><td></td><td>运动测试</td><td>曲线</td><td></td></tr>
<tr><td rowspan="2">推杆运动测试与仿真</td><td colspan="3">推程运动规律</td><td colspan="3">回程运动规律</td></tr>
<tr><td>运动仿真</td><td>结果</td><td></td><td>运动测试</td><td>结果</td><td></td></tr>
<tr><td rowspan="2">调节</td><td colspan="2">参数</td><td></td><td rowspan="2">凸轮运动仿真</td><td rowspan="2">结果</td><td rowspan="2"></td></tr>
<tr><td colspan="2">运动不均匀系数</td><td></td></tr>
</table>

曲柄摇杆机构/曲柄滑块机构综合实验（Ⅱ）

<table>
<tr><td>项目</td><td colspan="4">参数或结果</td></tr>
<tr><td>机构设计</td><td>选择设计参数</td><td></td><td>设计结果</td><td></td></tr>
</table>

（续）

项目	参数或结果					
曲柄运动测试与仿真	运动仿真	曲线		运动测试	曲线	
		结果			结果	
摇杆／滑块运动测试与仿真	运动仿真	曲线		运动测试	曲线	
		结果			结果	
机架振动测试与仿真	运动仿真	曲线		运动测试	曲线	

（续）

项目	参数或结果					
机架振动测试与仿真	运动仿真	结果		运动测试	结果	
	调整	输入参数		结果		
连杆轨迹仿真	输入参数			轨迹曲线		

（三）思考问答题

1. 在曲柄滑块机构中，位移、速度、加速度的变化分别对哪个几何参数最敏感？

2. 在导杆滑块机构中，位移、速度、加速度的变化分别对哪个几何参数最敏感？

3. 从实验结果分析，对测试机构采取什么措施可减小其振动，保持良好的运动性能？

4. 说明几何参数的变化过程中，位移、速度、加速度曲线的基本形状有无发生根本性的变化。为什么？

（四）实验心得、建议和探索

第八章　刚性转子的平衡实验

一、概述

机器中有很多构件是作回转运动的，常将这种构件称为转子（回转体）。但是，如果由于材料缺陷、结构不对称、质量分布不均或制造安装偏差等原因，往往使转子的质心偏离其回转轴线，由此将会在机器的运转中产生附加的离心惯性力，这不但会增大转动副的摩擦力和构件中的内应力，使机械效率、工作精度和可靠性下降，加速零件的损坏，而且因这些惯性力的大小及方向多呈周期性变化，将会引起机器及其基础产生强迫振动和噪声，严重的还会引起共振、断裂，危及人身安全。为此，必须对转子（回转体）进行平衡校正，消除或减少惯性力的不良影响，这成为动力、汽车、电动机、机床、化工、食品等工业及通信和自动化技术等设备制造业中必不可少的工艺措施之一。

在一般机械中，转子的刚性都比较好，其共振转速较高，转子的工作转速 n 与转子的第一阶临界转速 n_{c1} 之比 $\frac{n}{n_{c1}} \leqslant 0.7$。此时转子产生的弹性变形甚小，故把这类转子称为刚性转子。当转子的工作转速 n 与转子的第一阶临界转速 n_{c1} 之比 $\frac{n}{n_{c1}} > 0.7$ 时，会产生较大的弹性变形，这类转子称为挠性转子。本实验讨论的是刚性转子的平衡问题。

根据转子的具体情况，平衡可分为两类：静平衡和动平衡。

1. 刚性转子的静平衡

对于轴向尺寸较小的盘类转子（轴向宽度与直径之比 $b/D < 0.2$），其所有质量都可认为在垂直于轴线的同一平面内，其不平衡的原因是其质心位置不在回转轴线上，回转时将产生不平衡的离心惯性力。这种不平衡转子的惯性力的平衡问题实质上是一个平面汇交力系的平衡问题，即静平衡问题。当此交汇力系的合力不等于零时，只要在同一回转面内加上一定的质量，使分布于该转子上所有质量的离心力向量和等于零，即转子的质心和回转轴线重合，即可达到静平衡。静平衡问题中平衡质量 m_b 的求解方法有图解法和解析法。利用公式 $m_b\boldsymbol{r}_b + \sum m_i\boldsymbol{r}_i = 0$，求出所需增加平衡质量的质径积的大小和方向，确定 r_b 后，即可得到 m_b。

2. 刚性转子的动平衡

对于轴向尺寸较大的转子（轴向宽度与直径之比 $b/D \geqslant 0.2$），其所有质量就不能再被认为分布在垂直于轴线的同一平面内了，回转时各偏心质量产生的离心惯性力是一空间力系，将形成惯性力偶。由于这种惯性力偶只有在转子转动时才能表现出来，所以需要对转子进行动平衡设计。在设计过程中，首先应在转子上选定两个可添加平衡质量且与离心惯性力平行的平面作为平衡平面，然后运用平行力系分解的原理将各偏心质量所产生的离心惯性力分解到这两个平衡平面上，这样就把一个空间力系的平衡问题转化为两平衡平面内的平面汇交力系的平衡问题。

转子动平衡的力学条件为

$$\sum \boldsymbol{P}=0, \sum \boldsymbol{M}=0$$

在求解出平衡质量之后，设计工作并未完成，还须在该零件图的相应位置上添加这一平衡质量，或在其相反方向上减少这一平衡质量。

由以上所述可知，动平衡的转子一定是静平衡的，而静平衡的转子不一定是动平衡的。

二、预习作业

1. 刚性转子不平衡有何危害？

2. 静平衡实验适用于何种回转构件？动平衡实验适用于何种回转构件？

3. 为什么偏重太大需要进行静平衡？

4. 刚性转子静平衡和动平衡的条件各是什么？经动平衡后的转子是否满足静平衡要求？为什么？

5. 为什么要取两个校正面才能校正动平衡？

三、静平衡实验

1. 实验目的

1）通过实验，巩固刚性转子静平衡的理论知识。

2）掌握一种常用的刚性转子静平衡实验方法。

3）培养学生的工程实验技术与能力，了解机械工程转子不平衡的应用背景和工程处理方法。

2. 实验设备及工具

1）导轨式静平衡试验仪（见图8-1）或圆盘式静平衡试验仪（见图8-2）。

2）刚性转子试件（画有径向基准线）。

3）水平仪。

4）天平。

5）橡皮泥或垫圈。

6）自备钢直尺、量角器。

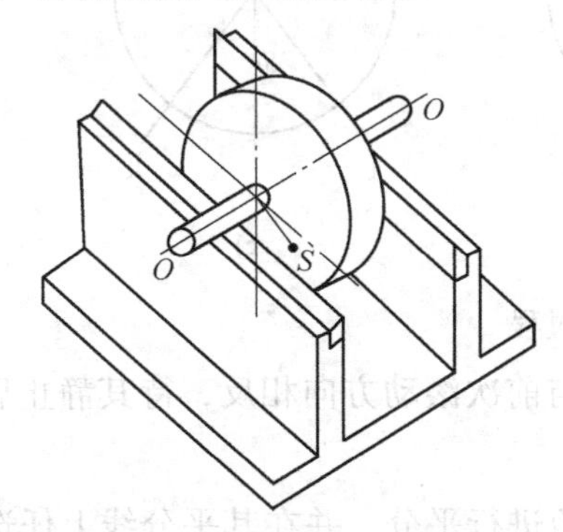

图8-1 导轨式静平衡试验仪

图8-2 圆盘式静平衡试验仪

图8-1所示为一导轨式静平衡试验仪。其主要部分是安装在同一水平面内的两个互相平行的刀口形导轨（也有棱柱形或圆柱形的）。实验时将回转构件（如几何形状对称的圆盘）的轴颈支承在两导轨上。导轨式静平衡架结构简单、可靠，平衡精度较高，但必须保证两固定的刀口在同一水平面内。当回转构件两端轴颈的直径不相等时，就无法在此试验仪上进行回转构件的平衡试验。

图8-2所示为另一种静平衡试验设备，称为圆盘式静平衡试验仪。实验时，将回转构件的轴颈支承在两对圆盘上，每个圆盘均可绕自身轴线转动，而且一端的支承高度可以调整，以适应两端轴颈的直径不相等的回转构件。此平衡试验仪的使用较为方便。但因轴颈与圆盘间的摩擦阻力较大，故平衡精度比导轨式的静平衡仪要低一些。

3. 实验原理

如果转子质心通过其回转轴线，则转子是静平衡的。此时，将转子安放在调好水平的静平衡仪上，任意转过一个角度，它都可以停止在该位置上而处于平衡状态。如果转子质心不通过回转轴线，则转子是静不平衡的。此时，将转子安放在静平衡仪上，在偏心重力的作用下，将在刀口上滚动。当滚动停止后，构件的质心在理论上应处于最低位置，由此便可以确定质心偏移方向。然后用橡皮泥在质心相反方向加一适当的平衡质量，反复多次试验，加减平衡质量及其径向位置，直至转子在任何位置都能静止为止。这时记下所加的平衡质量及其所在的向径 $\bar{r}$ 的大小和方向。这样所得的质径积与不平衡质径积大小相等，方向相反。即

$$m\bar{r} = -Q\bar{\rho}$$

式中 m——在平衡平面上加上去的质量；

Q——转子质量；

$\bar{\rho}$——转子的偏心距。

4. 实验方法及步骤

1）用水平仪调整静平衡仪导轨呈水平位置。

2）将平衡试件放置在静平衡仪上，使其自由滚动，待其静止，此时重心应处于最低（回转轴线最下方）位置，过试件转子轴线作铅垂线Ⅰ—Ⅰ，如图 8-3a 所示。

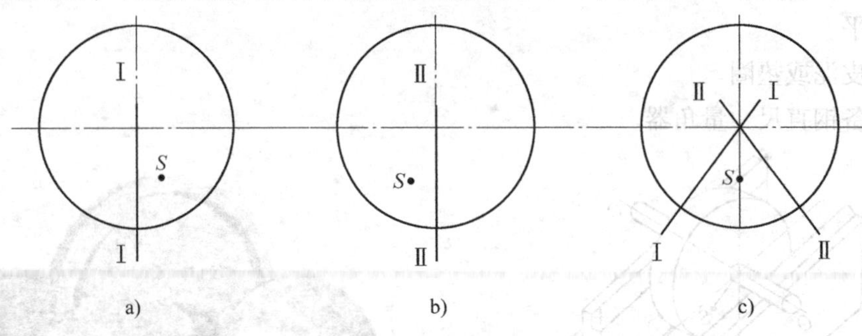

图 8-3 转子静平衡过程

3）将试件转子重新放置在静平衡仪上，并使其与前次滚动方向相反，待其静止后，再作铅垂线Ⅱ—Ⅱ，如图 8-3b 所示。

4）在试件转子上将Ⅰ—Ⅰ、Ⅱ—Ⅱ两线所夹锐角进行平分，并在其平分线上任选一半径 r 加一适当质量的橡皮泥，如图 8-3c 所示。

5）在天平上称量橡皮泥质量 m，量取橡皮泥所处的向径 $\bar{r}$ 的大小及平衡质径积 $m\bar{r}$ 与径向基准线之间所夹角度 α，并记入实验报告。

6）重复 2）至 5）步实验步骤，不断调整橡皮泥质量，直至试件转子任意放置均不发生滚动为止。

四、闪光式动平衡实验

1. 实验目的

1）通过实验，巩固刚性转子动平衡的理论知识。

2）掌握动平衡机的基本工作原理及动平衡的实验方法。

3）培养学生的工程实验技术与能力，了解机械工程转子不平衡的应用背景和工程处理方法。

2. 实验设备及工具

1）电子闪光式动平衡机。

2）实验转子。

3）天平。

4）橡皮泥或垫圈。

5）自备计算器。

3. 实验原理

动平衡实验在专门的动平衡机上进行。动平衡机有各种不同的形式，其构造和工作原理也不尽相同，但其作用都是用来测定需加在两个平衡基面中的平衡质量的大小和方位，并进行校正。

以国产DS-30型电子闪光式动平衡机为例，如图8-4所示。这种动平衡机是由驱动装置、试件支架和测量系统以及机架四个主要部分组成。电动机经带传动使试件在支架的滚轮支承上高速旋转。由于偏心质量的存在而产生离心惯性力，迫使支架在水平方向作横向振动。振幅与试件的偏心质量成正比，它的频率为试件的旋转频率。支架旁装有电磁式传感器，把支架的振动转变成电信号，然后经测量系统的电气线路处理后传给电表和闪光灯。电表的度数指示出校正面内不平衡质径积的大小。闪光灯安装在试件旁，与试件轴线处于同一水平面上，闪光灯设计成在试件振幅最大时闪光。当试件角速度远大于振动系统的临界角速度时，振幅与不平衡质径积的相位差是180°，即靠闪光灯的一侧正好是不平衡质径积的相反方向（通常称为“轻”边）。试件圆周上事先画有刻度，标上序号数，则闪光灯照射的数字就指示出不平衡质径积的相位。因此，在闪光照射处加上配重，即可使试件获得平衡。

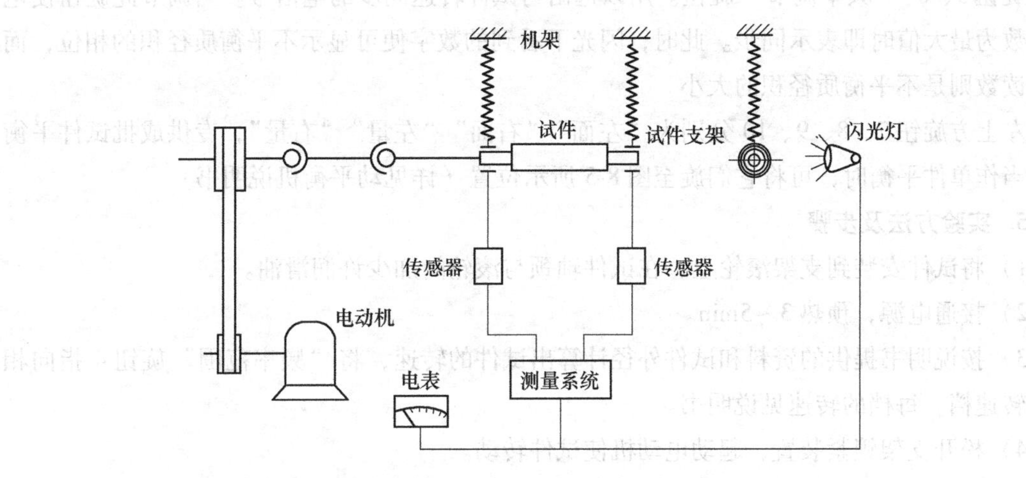

图8-4 动平衡实验原理图

4. DS-30型动平衡机测量调节面板

DS-30型动平衡机测量调节面板示意图如图8-5所示，其上各旋钮的作用如下。

旋钮1：“轻、重”旋钮。旋钮指到“轻”时，闪光灯所照见的为不平衡质径积的相反方向（通常称为“轻”边）。旋到“重”时，所见的为不平衡质径积的方向（通常称为“重”边）。

旋钮2：“左、静、右”旋钮。旋到“左”时，测量转子左平衡校正面；旋到“右”时，测量右平衡校正面。

旋钮3：“衰减选择”旋钮。用以适当衰减电信号，使电表指针在刻度范围内。

旋钮4：“频率范围”旋钮。当测算出试件的转速后，应将旋钮旋到相应的档位。档位和对应的转速分为以下几档，Ⅰ档为960～1920r/min；Ⅱ档为1920～2820r/min；Ⅲ档为3180～4200r/min。

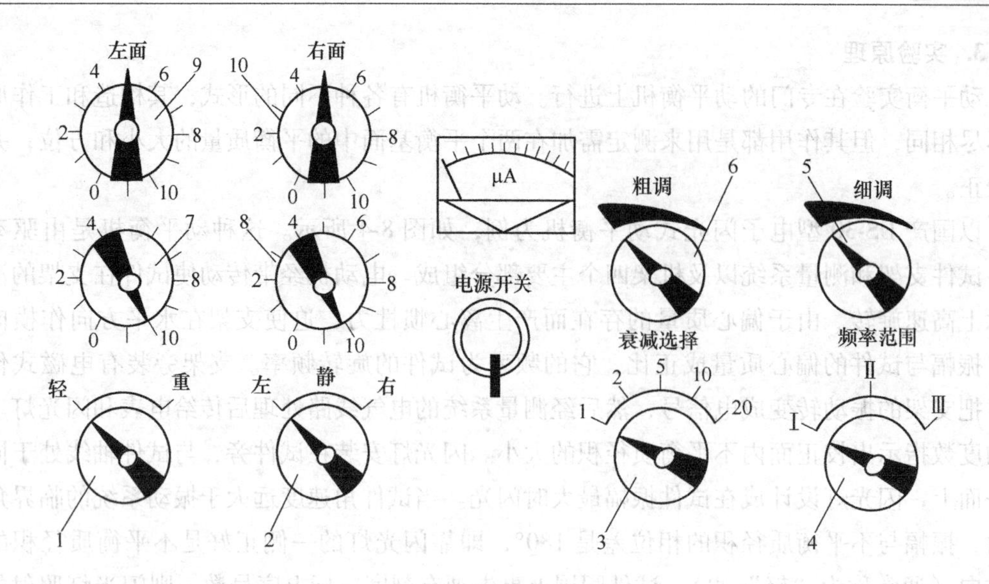

图 8-5　测量调节面板

旋钮 5、6："频率调节"旋钮。用以选出与试件转速同步的电信号。当调节此旋钮使电表读数为最大值时即表示同步。此时，闪光下看到的数字便可显示不平衡质径积的相位，而电表读数则是不平衡质径积的大小。

左上方旋钮 7、8、9、10 分别为"左面""右面""左量""右量"，专供成批试件平衡用。当作单件平衡时，可将它们旋至图 8-5 所示位置（详见动平衡机说明书）。

5. 实验方法及步骤

1）将试件安装到支架滚轮上，在试件轴颈与滚轮间加少许润滑油。

2）接通电源，预热 3 ~ 5min。

3）按说明书提供的资料和试件外径计算出试件的转速，将"频率范围"旋钮 4 指向相应的转速档。每档的转速见说明书。

4）松开支架锁紧装置，起动电动机使试件转动。

5）将"衰减选择"旋钮 3 指向一档，若电表超过满刻度，则将它顺次旋向 2、5、10、20 各档，以减弱输入信号（衰减倍数顺次为 2、5、10、20 倍），使电表读数不超过满刻度为准。

6）转动"频率调节"旋钮 5、6，使电表读数达最大值，用以选出与试件转速同步的电信号。

7）将"轻重"旋钮 1 指向"轻"（设用增加配重校正）。

8）将"左、静、右"旋钮 2 指向"左"（设先测左校正面）。

9）开起闪光灯，并将它靠近试件的水平位置，这时试件上标有序号数的刻度基本不动。记下序号数和电表的度数，它们分别表示了不平衡质径积的相位和大小。

10）将"左、静、右"旋钮 2 指向"右"，记下闪光灯照出的序号和电表的度数。

11）停机。

12）分别在试件的左、右校正面的相应序号数处加配重（配重大小与电表读数成正比）。

13）开机复验。若对应于左、右校正面的电表读数都相应减小，而不平衡位置仍在原处，说明所加配重还不够。如此重复几次，直到电表读数在信号不衰减的情况下小于2～10格（视平衡精度要求而定），试件上的序号数在闪光灯下以看不清楚为止。

14）停机，切断总电源，清理现场。

五、智能动平衡实验

1. 实验目的

1）了解并掌握刚性转子的动平衡原理。

2）掌握平衡精度的基本概念。

3）熟悉用传感器及其测试仪器测量动态参数的基本原理和方法。

2. 实验设备及工具

1）DPH－1型智能动平衡机。

2）实验转子。

3）天平。

4）平衡重块（磁性）。

3. 实验设备及工作原理

DPH—1型智能动平衡机是一种创新的基于虚拟测试技术的智能化动平衡实验系统，能在一个硬支承的机架上不经调整即可实现硬支承动平衡的*A*、*B*、*C*尺寸法解算和软支承的影响系数法解算，既可进行动平衡校正，亦可进行静平衡校正。本系统利用高精度压电晶体传感器进行测量，采用先进的计算机虚拟测试技术、数字信号处理技术和小信号提取方法，达到智能化检测目的。本系统不但能得出实验结果，而且通过动态实时检测曲线了解实验的过程，通过人机对话的方式完成检测过程，非常适用于教学动平衡实验。

（1）实验台结构组成

实验台结构如图8-6所示，其主要技术参数如下：

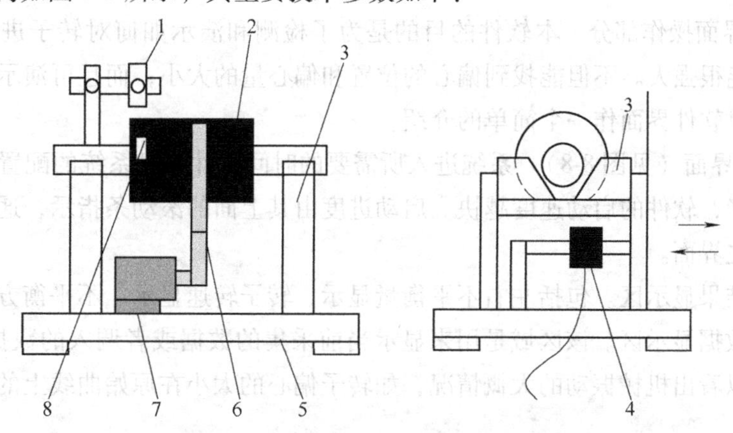

图8-6　DPH—1型智能动平衡机结构简图

1—光电相位传感器　2—被试转子　3—硬支承摆架组件
4—压电传感器　5—减振底座　6—传动带　7—电动机　8—零位标志

1）平衡转速有1200r/min、2500r/min两档。

2）最小可达残余不平衡量≤0.3g·mm/kg。

3）一次减低率≥90%。

4）电动机功率0.12kW。

5）测量时间最长3s。

（2）实验台测试系统组成

系统由计算机、数据采集器、高灵敏度有源压电传感器和光电相位传感器等组成。图8-7所示为测试系统结构框图。

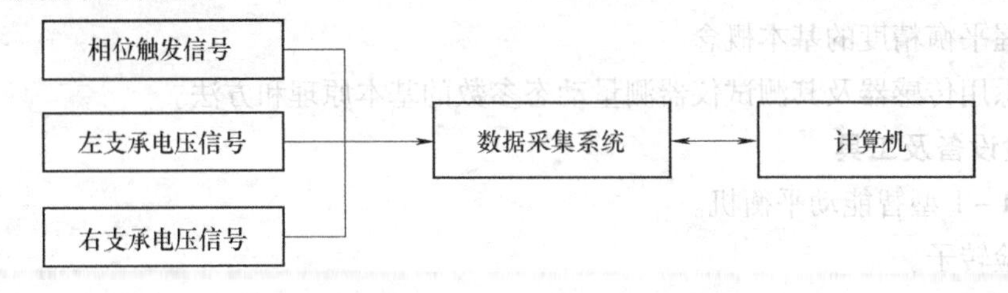

图8-7　智能动平衡机测试系统结构框图

当被测转子在部件上被拖动旋转后，由于转子的中心惯性主轴与其旋转轴线存在偏移而产生不平衡离心力，迫使支承做强迫振动，安装在左右两个硬支承机架上的两个有源压电传感器感受此力而发生机电换能，产生两路包含有不平衡信息的电信号，输出到数据采集装置的两个信号输入端；与此同时，安装在转子上方的光电相位传感器产生与转子旋转同频同相的参考信号，通过数据采集器输入到计算机。

计算机通过采集器采集此三路信号，由虚拟仪器进行前置处理、跟踪滤波、幅度调整、相关处理、FFT变换、校正面之间的分离解算、最小二乘法加权处理等，最终算出左右两面的不平衡量（g）、校正角（°）以及实测转速（r/min）。

同时，实验过程的数据处理方法、FFT方法的处理过程、曲线的变化过程，都可以在计算机上显示。

（3）软件界面操作部分　本软件的目的是为了检测和演示如何对转子进行动平衡实验的，因此其功能很强大。不但能找到偏心的位置和偏心量的大小，而且可演示整个检测处理过程。下面将对软件界面作一个简单的介绍。

1）系统主界面（见图8-8）。系统进入所需要的时间由计算机系统的配置而定，计算机系统的配置越好，软件的启动速度越快。启动进度由其上面的滚动条指示，通过单击启动界面可进入系统主界面。

①　测试结果显示区。包括左右不平衡量显示、转子转速显示、不平衡方位显示。

②　原始数据显示区。该区域是用来显示当前采集的数据或者调入的数据的原始曲线，在该曲线上可以看出机械振动的大概情况，如转子偏心的大小在原始曲线上的周期性振动情况。

③　转子参数输入区。在计算偏心位置和偏心量时，需要用户输入当前转子的各种尺寸，如图8-8上所示的尺寸，在图上没有标出的尺寸是转子半径，输入数值均以mm为单位。

④　转子结构显示区。可以通过双击当前显示的转子结构图，直接进入转子结构选择

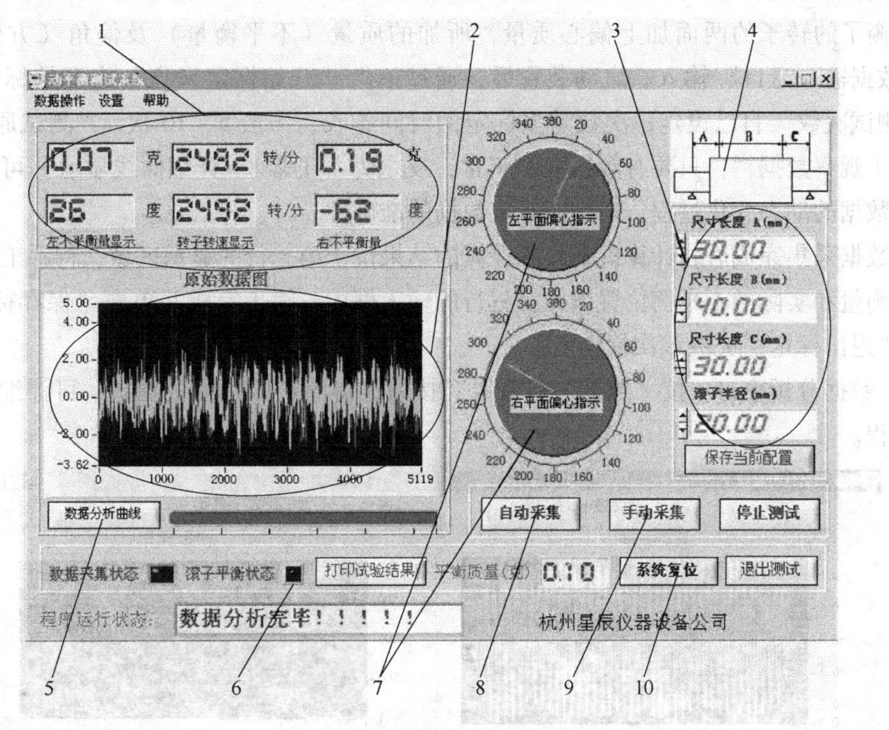

图 8-8　系统主界面

图，选择需要的转子结构。

⑤　数据分析曲线显示按钮。通过该按钮可以进入详细曲线显示窗口，通过详细曲线显示窗口看到整个分析过程。

⑥　指示出检测后的转子的状态，若为蓝色则代表没有达到平衡，若为红色则代表已经达到平衡状态。平衡状态的标准通过“允许不平衡质量”栏自行设定。

⑦　左右两面不平衡量角度指示图，指针指示的方位为偏重的位置角度。

⑧　自动采集按钮，为连续动态采集方式，直到停止按钮按下为止。

⑨　单次采集按钮。

⑩　复位按钮，清除数据及曲线，重新进行测试。

2）采集器标定窗口（见图 8-9）。实验进行标定的前提是有一个已经平衡了的转子，在

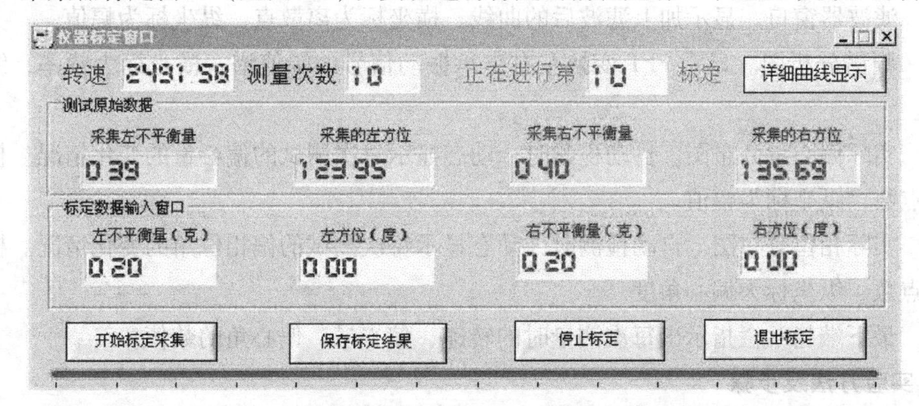

图 8-9　采集器标定窗口

已经平衡了的转子的两面加上偏心质量，所加的质量（不平衡量）及偏角（方位角）从“标定数据输入窗口”输入。启动装置后，通过单击“开始标定采集”来开始标定的第一步。“测试次数”自己设定，次数越多标定的时间越长，一般5～10次。“测试原始数据”只是用于观察数据栏，只要有数据表示正常，反之为不正常。“详细曲线显示”可观察标定过程中数据的动态变化过程，来判断标定数据的准确性。

在数据采集完成后，计算机采集并计算的结果位于第二行的显示区域，将手工添加的实际不平衡量和实际的不平衡位置填入第三行的输入框中，输入完成并单击“保存标定结果”按钮，“退出标定”完成该次标定。

3）数据分析窗口。按“数据分析曲线”按钮，得图8-10所示的窗口，可详细了解数据分析过程。

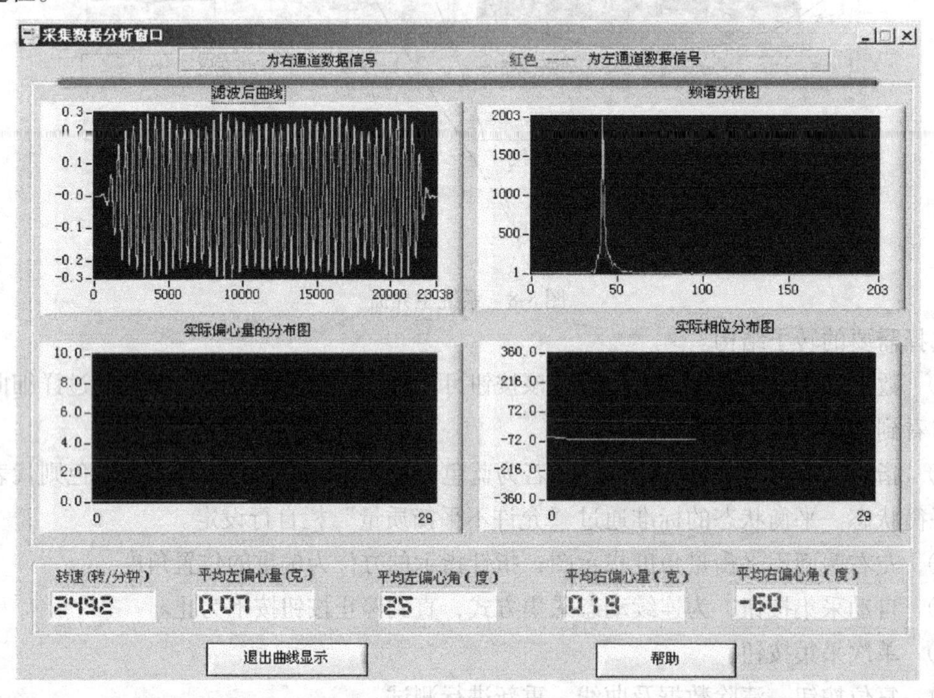

图8-10　数据分析窗口

① 滤波器窗口。显示加上滤波后的曲线，横坐标为离散点，纵坐标为幅值。

② 频谱分析图。显示FFT变换左右支承振动信号的幅值谱，横坐标为频率，纵坐标为幅值。

③ 实际偏心量分布图。自动检测时，动态显示每次测试的偏心量的变化情况。横坐标为测量点数，纵坐标为幅值。

④ 实际相位分布图。自动检测时，动态显示每次测试的偏相位角的变化情况。横坐标为测量点数，纵坐标为偏心角度。

⑤ 最下端指示栏指示出每次测量时的转速、偏心量、偏心角的数值。

4. 实验方法及步骤

（1）平衡件模式选择　单击“动平衡实验系统”，出现“动平衡实验系统”的虚拟仪器操作前面板，单击“设置”菜单功能键的“模式设置”功能，屏幕上出现模型A，B，C，D，E，F六种模型。根据动平衡元件的形状选择其模型格式。选中的模型右上角的指示灯变红，单击“确定”，返回到虚拟仪器操作前面板，在前面板的右上角就会显示所选定的模型形态。量出所要平衡器件的具体尺寸，并根据图示平衡件的具体尺寸，将数字输入相应的A，B，C框内。单击“保存当前配置”按钮，仪器就能记录、保存这批数据，作为相应平衡公式的基本数据。只要不重新输入新的数据，此格式及相关数据不管计算机是否关机或运行其他程序都始终保持不变。

（2）系统标定

1）单击“设置”框的“系统标定”功能按钮，屏幕上出现仪器标定窗口。将两块2g的磁铁分别放置在标准转子左、右两侧的零度位置上，在标定数据输入窗口框内，将相应的数值分别输入“左不平衡量”“左方位”及“右不平衡量”“右方位”的数据框内（按以上操作，左、右不平衡量均为2g，左、右方位均是零度），启动动平衡机，待转子转速平稳运转后，单击“开始标定采集”下方的红色进度条会作相应变化，上方显示框显示当前转速及正在标定的次数，标定值是多次测试的平均值。

2）平均次数可以在“测量次数”框内人工输入，一般默认的次数为10次。标定结束后应按“保存标定结果”按钮，完成标定过程后，按“退出标定”按钮，即可进入转子的动平衡实际检测。当标定测试时，在仪器标定窗口“测试原始数据”框内显示的四组数据，是左、右两个支承输出的原始数据。如在转子左、右两侧，同一角度，加入同样质量的不平衡块，而显示的两组数据相差甚远，应适当调整两面支承传感器的预紧螺钉，可减少测试的误差。

（3）动平衡测试

1）手动（单次）测试。手动测试为单次检测，检测一次系统自动停止，并显示测试结果。

2）自动（循环）测试。自动测试为多次循环测试，操作者可以看到系统动态变化。按“数据分析曲线”按钮，可以看到测试曲线变化情况。需要注意的是，要进行添加平衡质量时，在停止转子运转前，必须先按“停止测试”按钮，使软件系统停止运行，否则会出现异常。

（4）实验曲线分析　在数据采集过程中，或在停止测试时，都可在前面板区按“数据分析曲线”按钮，计算机屏幕会切换到“采集数据分析窗口”。该窗口有四个图形显示区和五个数字显示窗口，它们分别是“滤波后曲线”“频谱分析图”“实际偏心量的分布图”和“实际相位分布图”四个图形显示区，以及转速，左、右偏心量及左、右偏心角五个数字显示窗口。该分析窗口的功能主要是将实验数据的整个处理过程进行详细展示，使学生了解如何从一个混杂许多干扰信号的原始信号中，通过数字滤波、FFT信号频谱分析等数学手段提取有用的信息。在自动测试情况下（即多次循环测试），从“实际偏心量分布图”和“实际相位分布图”可以看到每次测试过程中的偏心量和相位角的动态变化。曲线变化波动较大，说明系统不稳定，需要进行调整。

（5）平衡过程　利用本实验装置做动平衡实验时，为了方便起见，一般是用永久磁铁配重的。当加重平衡时，根据左、右相位角显示位置，在对应其相位180°时的位置，添加相应数量的永久磁铁，使不平衡的转子达到动态平衡。在自动检测状态下，先在主面板上按“停止测试”按钮，待自动检测进度条停止后，关停动平衡实验台转子，根据实验转子所标刻度，按左、右不平衡量显示值，添加平衡块，其质量可等于或略小于面板显示的不平衡量，然后启动实验装置，待转速稳定后，再按“自动测试”进行第二次动平衡检测。如此反复多次，系统提供的转子一般可以将左、右不平衡量控制在0.1g以内。在主界面中的“允许偏心量”栏中输入实验要求的偏心量（一般要求大于0.05g），当“转子平衡状态”指示灯由灰色变蓝色时，说明转子已经达到了所要求的平衡状态。

由于动平衡数学模型理论计算的抽象理想化和实际动平衡器件及其所加平衡块的参数多样化，因此动平衡实验的过程是个逐步逼近的过程。

5. 操作示例

1）接通实验台和计算机USB通信线，并安装上密码狗，此时应关闭实验台电源。

2）打开“测试程序界面”，然后打开实验台电源开关，并打开电动机电源开关，单击“开始测试”按钮。这时应看到绿、白、蓝三路信号曲线，否则应检查传感器的位置是否正确。

3）待三路信号正常后退出“测试程序”，然后双击“动平衡实验系统界面”进入实验状态。

4）测量A，B，C三段尺寸及转子半径尺寸并输入各自窗口，然后单击“设置”按钮进入“系统标定”界面，在标定数据输入窗口输入左、右不平衡量及左、右方位度数（一般以所给的最大质量磁钢2g作标定，方位放在0°），数据输入后单击“开始标定采集”窗口开始采集。这时可单击“详细曲线显示”窗口，显示曲线动态过程，测试10次后自动停止测试，单击“保存标定结果”按钮，返回到原始实验界面开始实验。

5）单击“自动采集”按钮，采集35次数据比较稳定后单击“停止测试”按钮，以左、右各放1.2g为例，左边放在0°，右边放在270°。这时数据显示如表8-1所示。

表8-1 计算机采集数据示例（Ⅰ）

平衡面	偏心量/g	偏心角/（°）	转子转速（r/min）
左	1.32	0	1120
右	1.22	280	

再在左边180°处放1.2g，在右边280°对面或100°处放1.2g，单击“自动采集”按钮。开始采集35次后单击“停止测试”按钮。这时数据显示如表8-2所示。

表8-2 计算机采集数据示例（Ⅱ）

平衡面	偏心量/g	偏心角/（°）	转子转速（r/min）
左	0.45	283	1105
右	0.12	265	

当设定左、右不平衡量小于等于0.3g时达到平衡要求。这时左边还没平衡，右边已经平衡。在左边283°对面103°处放0.4g，单击“自动采集”按钮，采集35次后数据显示如表8-3所示。

表 8-3　计算机采集数据示例（Ⅲ）

平衡面	偏心量/g	偏心角/（°）	转子转速（r/min）
左	0.16	-17	1168
右	0.13	-94	

这时左、右两边质量都小于等于 0.3g，“滚子平衡状态”窗口出现红色标志，单击“停止测试”按钮。

打开“打印实验结果”窗口，出现“动平衡实验报表”，可看到整个实验结果，结束实验。

六、实验小结

1. 注意事项

（1）静平衡实验

1）静平衡仪的水平位置误差对实验结果影响较大，调整时应尽可能减小该误差。

2）实验过程中要注意试件转子的滚动极限位置，防止试件滚落。

3）实验结束后应将试件上的残留橡皮泥清除干净，以便试件的再次使用。

（2）闪光式动平衡实验

1）注意调整转速范围的档数与工作转速相对应，以保证测量结果的准确性。

2）测定左、右平衡面上的平衡量大小和方位时，应及时转换“左、静、右”旋钮至所需位置上。

3）为得到较为准确的实验结果，应反复细致地校正左、右两校正面上的平衡量大小和相位。

（3）智能动平衡实验

1）动平衡实验台与计算机联接前必须先关闭实验台电动机电源，当插上 USB 通信线后，再开启电源。在实验过程中要插拔 USB 通信线前，同样应关闭实验台电动机电源，以免因操作不当而损坏计算机。

2）系统提供一套测试程序，运行测试程序可用于检查传感器位置是否正确。实验之前进行测试，特别是在装置进行搬运或进行调整后，请运行安装程序中提供的“测试程序”。运行转子机构，从曲线窗口中可以看到三条曲线（一条方波曲线、两条振动曲线），缺一不可。

如果没有出现方波曲线（或曲线不是周期方波）时，应及时调整相位传感器；如果没有出现振动曲线（或振动信号是一条直线而且没有变化）时，则应及时调整左、右支架上的测振压电传感器预紧螺母。

2. 常见问题

1）在动平衡过程中，若出现试件振动不明显的现象，可人为地加一些不平衡块。

2）程序运行时，若出现“设备找不到”情况，应检查 USB 接口是否正常，是否安装 USB 驱动软件。

3）测试曲线不显示。在此情况下，检查传感器安装位置。

① 相位信号光电传感器应垂直照射于零位信号黑条上，距离约为 80mm，调整传感器边上的电位器旋钮，使黑条在进出光点位置时，其指示发光二极管应明暗闪烁。

② 适当调整左、右支架上的测振压电传感器预紧螺母。

③ 启动动平衡机，根据显示的曲线，适当调整光电传感器的上、下位置和灵敏度电位器，使每个红色转速方波脉冲信号的脉宽尽可能相等。

4）在测试过程中出现转速异常。在此情况下，调整相位信号光电传感器，应垂直照射于零位信号黑条上，距离约为 80mm，调整传感器边上的电位器旋钮，使黑条在进出光点位置时，其指示发光二极管应明暗闪烁。

5）在测试过程中由于操作失误出现系统死机。

其原因多数是 USB 通信信号堵塞，插拔 USB 接口，可恢复系统正常运行。

七、工程实践

不平衡是质量和几何中心线不重合所导致的一种故障状态（质心不在旋转轴上）。不平衡带来的后果是增加附加载荷，是设备和零部件损坏的最常见的四大故障之一。转子不平衡是由于转子部件质量偏心或转子部件出现缺损造成的故障。造成转子不平衡的具体原因有很多，按发生不平衡的过程可分为原始不平衡、渐发性不平衡和突发性不平衡等几种情况。原始不平衡是由于转子制造误差、装配误差以及材质不均匀等原因造成的，如出厂时动平衡没有达到平衡精度要求，在投用之初，便会产生较大的振动。渐发性不平衡是由于转子上不均匀结垢，介质中粉尘的不均匀沉积，介质中颗粒对叶片及叶轮的不均匀磨损以及工作介质对转子的磨蚀等因素造成的。其表现为振值随运行时间的延长而逐渐增大。突发性不平衡是由于转子上零部件脱落或叶轮流道有异物附着、卡塞造成，机组振值突然显著增大后稳定在一定水平上。

据统计，旋转机械中约有 70% 的故障与转子不平衡有关。例如风机、水泵、电机及汽轮发电机组等，其振动过大的主要原因往往是转子不平衡。不平衡转子在支承上造成的动载荷，不仅引起整个机械设备振动，产生噪声，加速轴承磨损，造成转子部件高频疲劳破坏和支承部分的某些部件强迫振动损坏，降低机械设备的寿命，而且振动还会恶化操作人员的工作环境，过大的振动会发生机毁人亡的重大设备事故。因此，必须对转子进行平衡校正，使其达到允许的平衡精度等级，或将产生的机械振动幅度控制在允许的范围内。

1. 水轮发电机转子（图 8-11）

当前，水轮发电机组的装机容量不断扩大，伴随机组运行中出现的振动问题也越来越引起人们的重视。其中的机械不平衡振动，尤其是高水头、高转速机组不平衡问题更为突出，成为机组的主要振源之一。据统计，大型机组三分之一以上的故障是由转子失衡引起的。转子不平衡引发机组振动，其频谱成分以转子转频为主，由于非线性因素的影响还常伴有部分谐波成分。据统计，旋转机械同频振动大体上有 10 类 26 种之多。因此单凭径向转频成分这一特征是无法得出转子存在不平衡这个结论，还需综合考虑振动的方向性及与转速的关系等因素。目前可用于机组不平衡振动的诊断方法主要有波形分析法、轨迹分析法、频谱分析

图 8-11　水轮发电机转子

法、全息谱分析法等。

滤波是信号处理的一种最基本而重要的技术。通过有限冲击响应（FIR）数字滤波器对发电机转子振动测试信号进行提取，抑制转频以外不需要的频率成分，将滤波后的信号进行合成。根据合成后的轴心轨迹及振动量与转速的关系判别发电机转子不平衡振动的程度，为机组的可靠运行提供参考依据。

对发电机转子质量不平衡测试分析是通过变速实验来实现的。变速试验是指机组不带负载和不给励磁电流情况下，仅使转速变化的实验。通常是令机组在正常转速的 50% ~100% 范围内变化，测试有关部位的振幅和频率随转速的变化关系即可得到。

通过带通滤波器保留信号的转频成分，由滤波信号合成的轴心轨迹为一偏心率较小的椭圆。根据振幅量随转速的变化关系可以得出被测发电机转子存在质量不平衡的结论。

2. 涡轴发动机涡轮转子

现代航空涡轴发动机（图 8-12）多为中小型发动机，是一种高转速、高压比、高温发动机，主要作为直升机的动力，为满足日益增长的发动机高功重比要求，希望设计出柔性更好的转子和质量更轻的结构，工作时转子的挠度小，径向间隙变化小，这些要求给转子轴系的设计和高速转子动力特性设计带来了新的问题和困难，直接关系到发动机研制的成败。减小振动，控制间隙以减小性能损失，以及降低支承结构载荷是转子动力学设计准则所涉及的关键内容。

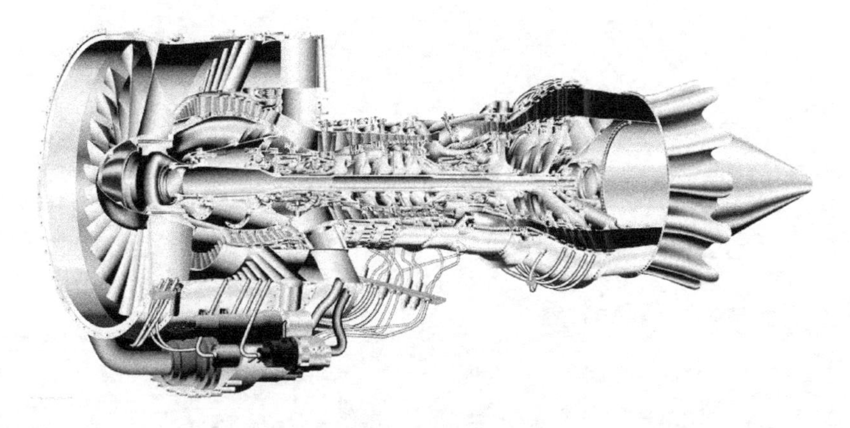

图 8-12　涡轴发动机

要确保高速动平衡后的动力涡轮转子在整机上具有良好的振动特性，即不实质性地破坏转子高速动平衡后的平衡状态，有必要对影响转子平衡状态的主要因素开展研究，即在高速旋转试验器上针对花键配合和支座不同心这两个因素对转子平衡状态的影响开展系统的试验研究，得出如下结论：

1）对此类涡轴发动机来说，在目前的加工精度条件下，改变花键与各齿的配合对转子的平衡状态有较大影响，即传动轴和输出轴花键各齿的配合还不能达到完全互换的目的。因此，在进行高速动平衡试验时，应使用装机配套的输出轴组件和动力涡轮转子；平衡试验完成后，应在输出轴和传动轴的相对周向位置作出标记，确保装机使用时不改变花键的配合状态。

2）支座不同心对转子的平衡状态有较大影响。要使动力涡轮转子在装机使用时不明显破坏已达到的平衡精度（在高速旋转试验器上按平衡判据完成高速动平衡试验后所达到的平衡精度），必须保证输出轴组件和动力涡轮转子在发动机上良好定位并有较高的对中精度。

实验报告八

实验名称：________　实验日期：________

班级：________　姓名：________

学号：________　同组实验者：________

实验成绩：________　指导教师：________

（一）实验目的

（二）实验结果

静平衡测量数据				
试件编号				
项目	平衡质量/kg	向径/mm	相位角/（°）	不平衡质径积/（kg·mm）
	m	$\bar{r}$	α	$Q\bar{\rho}$
第一次测量				
第二次测量				
第三次测量				

闪光式动平衡实验数据记录

试件工作转速/（r/min）		“频率范围”旋钮档位	
试件质量/kg		“轻、重”旋钮位置	

	序号	“输入衰减”档位	显示装置读数	不平衡量位置编号	所加平衡质量/g	平衡量位置编号
左平衡面	1					
	2					
	3					
	4					
	5					
	6					
	7					
	8					

（续）

闪光式动平衡实验数据记录

试件工作转速/（r/min）		"频率范围"旋钮档位	
试件质量/kg		"轻、重"旋钮位置	

	序号	"输入衰减"档位	显示装置读数	不平衡量位置编号	所加平衡质量/g	平衡量位置编号
右平衡面	1					
	2					
	3					
	4					
	5					
	6					
	7					
	8					

智能动平衡实验数据记录

次数	左边		右边	
	角度/（°）	克数/g	角度/（°）	克数/g
1				
2				
3				
4				
5				

（三）思考问答题

1. 经上述静平衡实验的回转构件能否达到绝对平衡？试分析造成误差的原因。

2. 影响动平衡精度的主要因素有哪些？

3. 在闪光式动平衡实验中，经动平衡校正后的转子为什么在闪光灯照射下看不清楚标记序号？

4. 经过动平衡的刚性转子，是否会有残留的动不平衡？若有，根据工作需要应该怎样解决？

5. 闪光式动平衡机平衡转子时，怎样判定转子不平衡量的大小和相位？

6. 在智能动平衡实验中，转子上的反差标志有何作用？

（四）实验心得、建议和探索

第九章　机构运动创新设计实验

一、概述

机构运动方案创新设计是一个具有创新性的活动过程，旨在帮助学生树立工程设计观念，激发其创新精神，培养学生的主动学习能力、独立工作能力、动手能力和创造能力。该实验是基于杆组的叠加原理而设计的，所用的机构运动方案拼接实验台可将设计者构思创意的机构运动方案在实验台上组成实物模型，能够使设计者直观地观察其运动是否符合设计要求，并在此基础上调整改进，最终确定设计方案。主要应用于机构组成原理的拼接设计实验、课程设计和毕业设计中机构运动方案的设计实验、课外科技活动（如大学生机电产品创新设计竞赛、大学生机器人大赛）中的机构运动方案创新设计。

一个好的机构运动方案能否实现，机械设计是关键。机构设计中最富有创造性、最关键的环节，是机构形式的设计。常用机构形式的设计方法有两大类，即机构的选型和机构的构型。

1. 机构形式设计的原则

(1) 机构形式应尽可能简单　可从以下四个方面加以考虑。

1) 机构运动链尽量简短。完成同样的运动，应优先选用构件数和运动副数最少的机构，这样可以简化机器的构造，从而减轻重量、降低成本。

2) 适当选择运动副。一般情况下，应先考虑低副机构，而且尽量少采用移动副，因为移动副在制造中不易保证高精度，在运动中易出现自锁。在执行机构的运动规律要求复杂、采用连杆机构很难完成精确设计时，应考虑采用高副机构，如凸轮机构或连杆—凸轮机构。

3) 适当选择原动机。执行机构的形式与原动机的形式密切相关，如在只要求执行构件实现简单的工作位置变换的机构中，采用气压或液压缸作为原动机比较方便，它同采用电动机驱动相比，可省去一些减速传动机构和运动变换机构，从而可缩短运动链。此外，改变原动机的传输方式，也可能使结构简化。

4) 选用广义机构。不要仅局限于刚性机构，还可选用柔性机构，甚至利用光、电、磁、摩擦、重力、惯性等原理工作的广义机构。选用广义机构在许多场合可使机构更加简单、实用。

(2) 尽量缩小机构尺寸。如周转轮系减速器的尺寸和重量比普通定轴轮系减速器要小得多。在连杆机构和齿轮机构中，也可利用齿轮传动时节圆作纯滚动的原理或利用杠杆放大或缩小的原理等来缩小机构尺寸。圆柱凸轮机构尺寸比较紧凑，尤其是在从动件行程较大的情况下。盘状凸轮机构的尺寸也可借助杠杆原理相应缩小。

(3) 应使机构具有较好的动力学特性

1) 采用传动角较大的机构，以提高机器的传力效率，减少功耗。尤其对于传力大的机构，这一点更为重要。如在可获得执行构件为往复摆动的连杆机构中，摆动导杆机构最为理想，其压力角始终为零。为减小运动副摩擦，防止机构出现自锁现象，则应尽可能采用全由转动副组成的连杆机构。

2）采用增力机构，对于执行机构行程不大，而短时克服工作阻力很大的机构（如冲压机械中的主机构），应采用“增力”的方法，即采用瞬时有较大机械增益的机构。

3）采用对称布置的机构。对于高速运转的机构，其作往复运动和平面一般运动的构件，以及惯性力和惯性力矩较大的偏心回转构件，在选择机构时，应尽可能考虑机构的对称性，以减小运转过程中的动载荷和振动。

2. 机构的选型

利用发散思维的方法，将前人创造发明出的各种机构按照运动特性或实现的功能进行分类，然后根据原理方案确定的执行机构所需要的运动特性或实现的功能进行搜索、选择、比较和评价，选出合适的机构形式。表 9-1 给出了当机构的原动件为转动时，各种执行构件运动形式、机构类型及应用举例，表 9-2 给出了机构方案评价指标供机构选型时参考。

表 9-1　执行构件的运动形式、机构类型及应用举例

执行构件运动形式	机构类型	应用举例
匀速转动	平行四边形机构	机动车轮联动机构、联轴器
	双转块机构	联轴器
	齿轮机构	减速、增速、变速装置
	摆线针轮机构	减速、增速、变速装置
	谐波传动机构	减速装置
	周转轮系	减速、增速、运动合成和分解装置
	挠性件传动机构	远距离传动、无级变速装置
	摩擦轮机构	无级变速装置
非匀速转动	双曲柄机构	惯性振动器
	转动导杆机构	刨床
	曲柄滑块机构	发动机
	非圆齿轮机构	—
	挠性件传动机构	—
往复移动	曲柄摇杆机构	锻压机
	移动导杆机构	缝纫机挑针机构
	齿轮齿条机构	—
	移动凸轮机构	配气机构
	楔块机构	压力机、夹紧装置
	螺旋机构	千斤顶、车床传动机构
	挠性件传动机构	远距离传动装置
	气/液动机构	升降机
往复摆动	曲柄摇杆机构	破碎机
	滑块摇杆机构	车门启闭机构
	摆动导杆架构	刨床
	曲柄摇块机构	装卸机构

（续）

执行构件运动形式	机构类型	应用举例
往复摆动	摆动凸轮机构	—
	齿条齿轮机构	—
	挠性件传动机构	—
	气/液动机构	—
间歇运动	棘轮机构	机床进给、转位、分度等机构
	槽轮机构	转位装置、电影放映机
	凸轮机构	分度装置、移动工作台
	不完全齿轮机构	间歇回转、移动工作台
特定运动轨迹	铰链四杆机构	鹤式起重机、搅拌机构
	行星轮系	研磨机构、搅拌机构

表 9-2 构件方案评价指标

评价指标	运动性能 A	工作性能 B	动力性能 C	经济性 D	结构紧凑 E
具体项目	1）运动规律、运动轨迹 2）运动速度、运动精度	1）效率高低 2）使用范围	1）承载能力 2）传力特性 3）振动、噪声	1）加工难易度 2）维护方便性 3）能耗大小	1）尺寸 2）重量 3）结构复杂性

3. 机构的构型

当应用选型的方法初选出的机构形式不能完全实现预期的要求，或虽能实现功能要求但存在着机构复杂、运动精度不够或动力性能欠佳等缺点时，可采用创新构型的方法，重新构建机构的形式。机构创新构型的基本思路是：以通过选型初步确定的机构方案为雏形，通过组合、变异、再生等方法进行突破，获得新的机构。

（1）利用组合原理构型 将两种以上的基本机构进行组合，充分利用各自的良好性能，改善其不良特性，创造出能够满足原理方案要求的、具有良好运动和动力特性的新型机构。如：齿轮—连杆机构能实现间歇传送运动和大摆角、大行程的往复运动，同时能较精确地实现给定的运动轨迹；凸轮—连杆机构更能精确地实现给定的复杂轨迹，凸轮机构虽也可实现任意的给定运动规律的往复运动，但在从动件作往复摆动时，受压力角的限制，其摆角不能太大，将简单的连杆机构与凸轮机构组合起来，可以克服上述缺点，达到很好的效果；齿轮—凸轮机构常以自由度为 2 的差动轮系为基础机构，并用凸轮机构为附加机构，主要用于实现给定运动规律的变速回转运动、实现给定运动轨迹等。

（2）利用机构变异构型

1）机构倒置。将机构的运动构件与机架转换。

2）机构的扩展。以原有机构作为基础，增加新的构件，构成新的机构。机构扩展后，原有各构件间的相对运动关系不变，但所构成的新机构的某些性能与原机构有很大差别。

3）机构局部结构改变。如将导杆机构的导杆槽中心线由直线变为曲线，或机构的原动件被另一自由度为 1 的机构或构件组合所置换，即可得到运动停歇的特性。

4）运动副的变异。采用高副低代法。

二、预习作业

1. 何谓杆组？何谓Ⅱ级杆组？画图表示Ⅱ级杆组所有的类型。

2. 何谓Ⅲ级杆组？画图表示Ⅲ级杆组的 1 ~2 种形式。

3 连杆机构的特点是什么？凸轮机构的特点是什么？

4. 进行机构结构分析时，按什么步骤和原则来拆分杆组？

5. 在实际设计中公差配合的意义是什么？

6. 机构原理功能是通过什么实现的？机构简图与实际机构的区别是什么？

三、实验目的

1）加强学生对机构组成原理的认识，进一步了解机构组成及其运动特性，为机构创新设计奠定良好的基础。

2）利用若干不同的杆组，拼接各种不同的平面机构，以培养机构创新设计能力及综合设计能力。

3）通过对实际机械结构的拼接，增强学生对机构的感性认识，培养学生的工程实践及动手能力，体会设计实际机构时应注意的事项，完成从运动简图设计到实际结构设计的过渡。

四、实验要求

1）认真预习《CQJP-D 型机构运动创新设计方案实验台使用说明书》，掌握实验原理，了解机构创新模型和各构件的搭接方法。

2）熟悉给定的设计题目及机构系统运动方案，或者设计其他方案（亦可自己选择设计题目，初步拟定机构系统运动方案）。

3）实验中注意各个组员之间的分工合作，不可完全由一人完成，每一个组员都要积极投入到讨论和实验当中来，这样才能真正得到提高。

4）不再使用的工具和零件要及时放回原处，不可随意堆放，以免造成分拣困难甚至丢失。

5）实验完毕，经过指导教师检查并拍照后，自行拆除搭接机构，同时将所有零件物归原处。

五、实验设备及工具

1）创新组合模型一套，包括组成机构的各种运动副、构件、动力源、实验工具等。实验设备为 CQJP-D 型机构运动创新设计方案实验台（图 9-1）及其零件存放柜（见图 9-2），组成实验台的主要零部件以及详细规格如表 9-3 所示。

图 9-1　CQJP-D 型机构运动创新设计方案实验台

2）组装、拆卸工具：一字螺钉旋具、十字螺钉旋具、固定扳手、内六角扳手、钢直尺、卷尺。

3）交流调速电动机、直流电动机等动力控制元件。

4）自备三角板、铅笔、量角器、游标卡尺、草稿纸等。

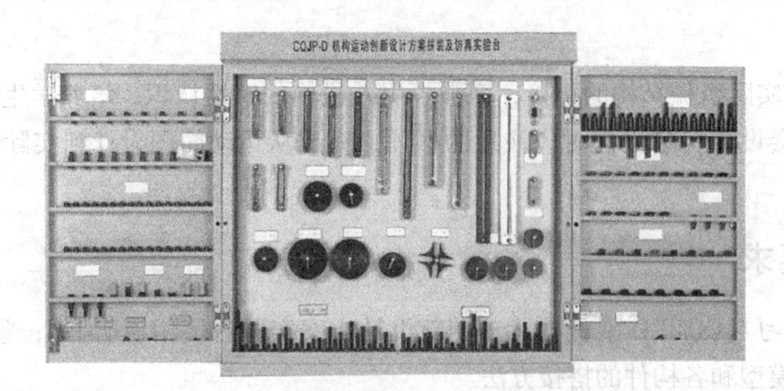

图 9-2 CQJP-D 型机构运动创新设计方案实验台零件存放柜

表 9-3 CQJP-D 型机构运动创新设计方案实验台组件清单

序号	名称	示意图	规格	数量	使用说明钢印号钢号尾数对应于使用层面数
1	凸轮 高副锁紧弹簧		基圆半径 18mm 行程 30mm	各 4	凸轮推/回程均为正弦加速度运动规律
2	齿轮		$m=2\text{mm}$，$\alpha=20°$ 的标准直齿轮 $z=34$ $z=42$	 4 4	 2-1 2-2
3	齿条		$m=2\text{mm}$，$\alpha=20°$ 的标准直齿条	4	3
4	槽轮拨盘			1	4
5	槽轮		四槽	1	4
6	主动轴	L	$L=5\text{mm}$ $L=20\text{mm}$ $L=35\text{mm}$ $L=50\text{mm}$ $L=65\text{mm}$	4 4 4 4 2	6-1 6-2 6-3 6-4 6-5 动力输入轴，轴上有平键槽
7	转动副轴 （或滑块）	L 5	$L=5\text{mm}$ $L=15\text{mm}$ $L=30\text{mm}$	6 4 3	7-1 7-2 7-3 用于跨层面的运动副形成
8	扁头轴	L	$L=5\text{mm}$ $L=20\text{mm}$ $L=35\text{mm}$ $L=50\text{mm}$ $L=65\text{mm}$	16 12 12 10 8	6-1 6-2 6-3 6-4 6-5 起支撑及传递运动作用，轴上无键槽

（续）

序号	名称	示意图	规格	数量	使用说明钢印号钢号尾数对应于使用层面数
9	主动滑块插件	L	$L=40$mm $L=50$mm	1 1	9-1 9-2 与主动滑块座固连，可组成作直线运动的主动滑块
10	主动滑块座光槽片			各1	10 光槽片用M3的螺钉与主动滑块座固连；主动滑块座与直线电动机齿条固连
11	连杆（或滑块导向杆）	L	$L=50$mm $L=100$mm $L=150$mm $L=200$mm $L=250$mm $L=300$mm $L=350$mm	8 8 8 8 8 8 8	11-1 11-2 11-3 11-4 11-5 11-6 11-7
12	压紧连杆用特制垫片		$\phi6.5$	16	将连杆固定在主动轴或固定轴上时使用 12
13	转动副轴（或滑块）-2	L　5	$L=5$mm $L=20$mm	各8	与20号件配用，可与连杆在固定位置形成转动副 13-1 13-2
14	转动副轴（或滑块）-1	10		16	两构件形成转动副时用作滑块时用 14
15	带垫片螺钉		M6	48	转动副轴与连杆间构成转动副或移动副用 15
16	压紧螺钉		M6	48	转动副轴与连杆形成同一构件时用 16
17	运动构件层面限位套	L	$L=5$mm $L=15$mm $L=30$mm $L=45$mm $L=60$mm	35 40 20 20 10	用于不同运动平面间的距离限定 17-1 17-2 17-3 17-4 17-5

（续）

序号	名称	示意图	规格	数量	使用说明钢印号钢号尾数对应于使用层面数
18	电动机带轮 主动轴带轮		大孔轴（用于旋转电动机） 小孔轴（用于主动轴）	3 3	大带轮已安装在旋转电动机轴上 18
19	盘杆转动轴	L	$L=20\mathrm{mm}$ $L=35\mathrm{mm}$ $L=45\mathrm{mm}$	6 6 4	盘类零件与连杆形成转动副时用 19-1　19-2　19-3
20	固定转轴块			8	用螺钉将其锁紧在连杆长槽上，可与此同13号件配合 20
21	连杆加长或固定凸轮弹簧用螺栓、螺母		M10	各18	用于两连杆加长时的锁定和固定弹簧 21
22	曲柄双连杆部件		组合件	4	偏心轮与活动圆环形成转动副，且已制成一组合件 22
23	齿条导向板			8	将齿条夹紧在两块齿条导向板之间，保证与齿轮的正常啮合 23
24	转滑副轴	L　5		16	扁头轴与一构件形成转动副，圆头轴与另一构件形成滑动副 24
25	安装电动机座行程开关座用内六角圆柱头螺栓/平垫	标准件	M8×25 $\phi 8$	各20	
26	内六角圆柱头螺钉	标准件	M6×15	4	用于主动滑块座固定在直线电动机齿条上
27	内六角圆柱头紧定螺钉		M6×6	18	

（续）

序号	名称	示意图	规格	数量	使用说明钢印号钢号尾数对应于使用层面数
28	滑块			64	已与机架相连
29	实验台机架			4	机架内可移动立柱5根
30	立柱垫圈		$\phi 9$	40	已与机架相连
31	锁紧滑块方螺母		M6	64	已与滑块相连
32	T形螺母			20	卡在机架的长槽内，可轻松用螺钉固定电动机座
33	光槽行程开关			2	两光槽开关的安装间距即为直线电动机齿条在单方向的位移量
34	平垫片防脱螺母		$\phi 17$ M12	20 76	使轴相对于机架不转动时用，防止轴从机架上脱出
35	转速电动机座			3	已与电动机相连
36	直线电动机座			1	已与电动机相连
37	平键		3×15	20	主动轴与带轮的连接
38	直线电动机控制器			1	与行程开关配用可控制直线电动机的往复运动行程
39	传动带	标准件	O型	3	

（续）

序号	名称	示意图	规格	数量	使用说明钢印号钢号尾数对应于使用层面数
40	直线电动机 旋转电动机		10mm/s 10r/min	13	配电动机行程开关一对
41	使用说明书			1	内附装箱零部件清单

注：1. 直线电动机：直线电动机安装在实验台机架底部，并可沿机架底部的长槽移动。直线电动机的长齿条即为机构输入直线运动的主动件。在实验中，允许齿条单方向的最大直线位移为290mm，实验者可根据主动滑块的位移量（即直线电动机的齿条位移量）确定两光槽行程开关的相对间距，并且将两光槽行程开关的最大安装间距限制在290mm范围内。

2. 直线电动机控制器：参见控制器面板图9-3所示。本控制器采用电子组合设计方式，控制电路采用低压电子集成电路和微型密封功率继电器，并采用光槽作为行程开关，极具使用安全。控制器的前面板为LED显示方式，当控制器的前面板与操作者是面对面的位置关系时，控制器上的发光管指示直线电动机齿条的位移方向。控制器的后面板上置有电源引出线及开关、与直线电动机相连的4芯插座、与光槽行程开关相连的5芯插座和1A保险管。

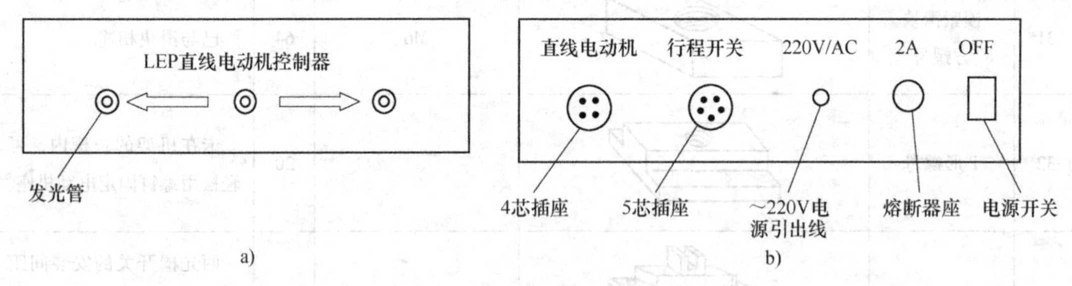

图9-3 控制器面板图

a）前面板图 b）后面板图

六、实验原理

任何机构都是由若干个基本杆组依次连接到原动件和机架上而构成的。机构具有确定运动的条件是其原动件数等于机构的自由度数。因此，机构可以拆分成机架、原动件和自由度为零的构件组。而自由度为零的构件组还可以拆分成更简单的自由度为零的构件组，将最后不能再拆的最简单的自由度为零的构件组称为组成机构的基本杆组，简称杆组。

由杆组定义知，组成平面机构的基本杆组应满足的条件为

$$F=3n-2P_{\mathrm{L}}-P_{\mathrm{H}}=0$$

式中 n——杆组中的构件数；

P_{L}——杆组中低副数；

P_{H}——杆组中高副数。

由于构件数和运动副数均应为整数，故当n、P_{L}、P_{H}取不同值时，可得各类基本杆组。

1. 高副杆组

若$n=P_{\mathrm{L}}=P_{\mathrm{H}}=1$，即可获得单构件高副杆组，常见形式如图9-4所示。

2. 低副杆组

若 $P_H=0$，杆组中运动副均为低副，称为低副杆组。即

$$F=3n-2P_L=0$$

满足上式的构件数和运动副数的组合为：$n=2$，4，6…，$P_L=3$，6，9…。

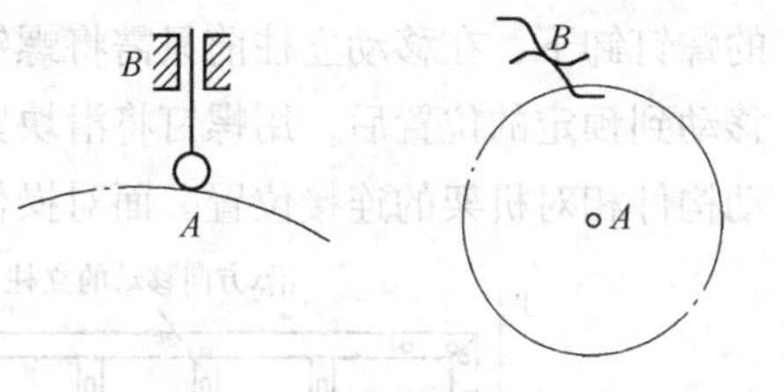

图 9-4　单构件高副杆组

其中最简单的组合为 $n=2$，$P_L=3$，称为Ⅱ级组。Ⅱ级组是应用最多的基本杆组，由于杆组中转动副和移动副的配置不同，Ⅱ级杆组共有如图 9-5 所示五种形式。

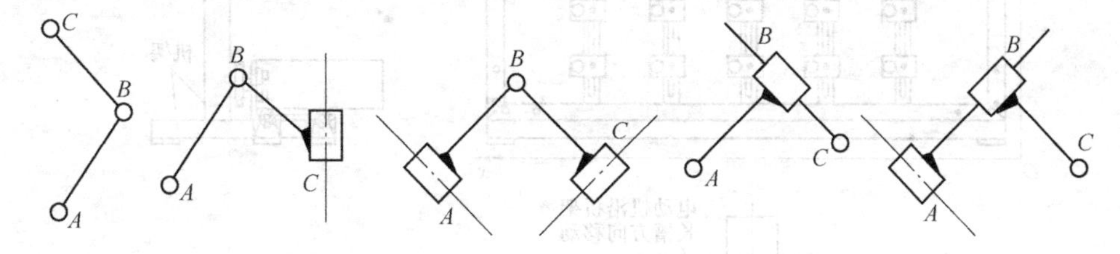

图 9-5　平面低副Ⅱ级组

$n=4$，$P_L=6$ 的杆组称为Ⅲ级杆组，其形式较多，图 9-6 所示的是几种常见的Ⅲ级杆组。

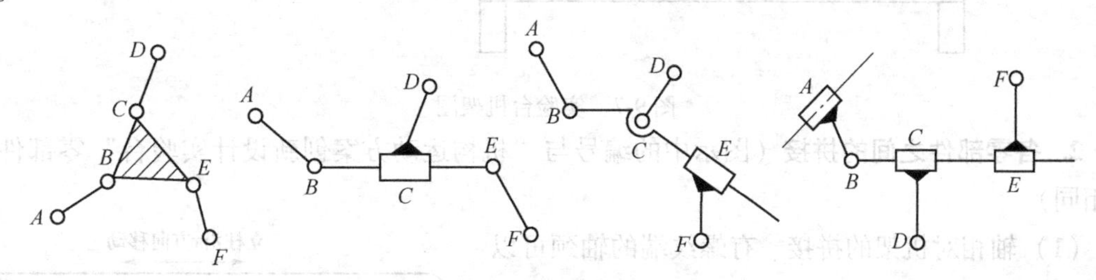

图 9-6　平面低副Ⅲ级组

根据上述分析可知：任何平面机构均可以用零自由度的杆组依次连接到原动件和机架上去的方法来组成。因此，机构拼接创新设计实验正是基于上述平面机构的组成原理而设计的。

七、构件和运动副的拼接

根据事先拟定的机构运动简图，利用机械运动创新方案拼接实验台提供的零件，按机构运动的传递顺序进行拼接。拼接时，首先要分清机构中各构件所占据的运动平面，并且使各构件的运动在相互平行的平面内进行，其目的是避免各运动构件发生干涉。然后，以机架铅垂面为参考面，所拼接的构件以原动构件开始，按运动传递顺序将各杆组由里向外进行拼接。机械运动创新方案拼接实验台提供的运动副的拼接过程请参见以下图示方法。

1. 实验台机架

图 9-7 所示实验台机架中有 5 根铅垂立柱，它们可沿 x 方向移动。移动时请用双手扶稳立柱、并尽可能使立柱在移动过程中保持铅垂状态，这样便可以轻松推动立柱。立柱移动到预定的位置后，将立柱上、下两端的螺钉锁紧（安全注意事项：不允许将立柱上、下两端

的螺钉卸下，在移动立柱前只需将螺钉拧松即可）。立柱上的滑块可沿 y 方向移动。将滑块移动到预定的位置后，用螺钉将滑块紧定在立柱上。按上述方法即可在 x、y 平面内确定活动构件相对机架的连接位置。面对操作者的机架铅垂面称为拼接起始参考面或操作面。

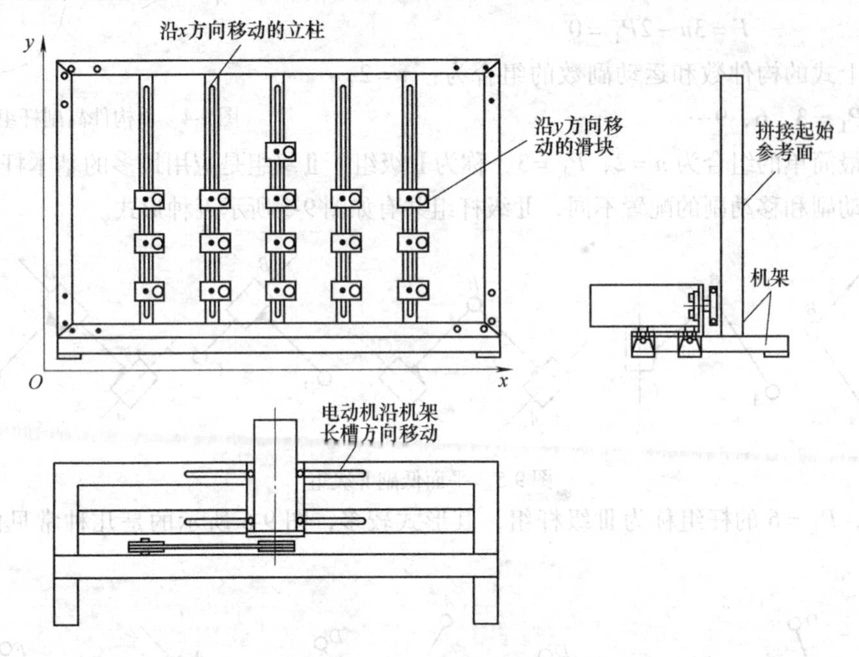

图 9-7　实验台机架图

2. 各零部件之间的拼接（图示中的编号与“机构运动方案创新设计实验台”零部件序号相同）

（1）轴相对机架的拼接　有螺纹端的轴颈可以插入滑块 28 上的铜套孔内，通过平垫片、防脱螺母 34 的联接与机架形成转动副或与机架固定。若按图 9-8 拼接后，6 或 8 轴相对机架固定；若不使用平垫片 34 ，则 6 或 8 轴相对机架作旋转运动。拼接者可根据需要确定是否使用平垫片 34。

扁头轴 6 为主动轴、8 为从动轴。该轴主要用于与其他构件形成移动副或转动副，也可将连杆或盘类零件等固定在扁头轴颈上，使之成为一个构件。

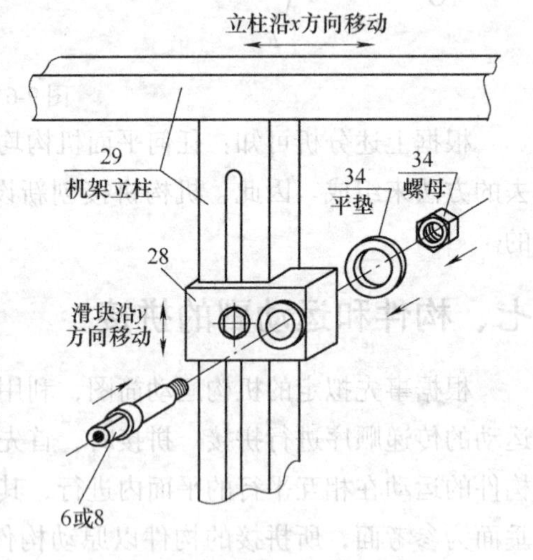

图 9-8　轴相对机架的拼接图

（2）转动副的拼接　若两连杆间形成转动副，可按图 9-9 所示的方式拼接。其中，转动副轴 14 的扁平轴颈可分别插入两连杆 11 的圆孔内，再用压紧螺钉 16 和带垫片螺钉 15 分别与转动副轴 14 两端面上的螺纹孔联接。这样，有一根连杆被压紧螺钉 16 固定在件 14 的轴颈处，而与带垫片螺钉 15 相连接的件 14 相对另一连杆转动。

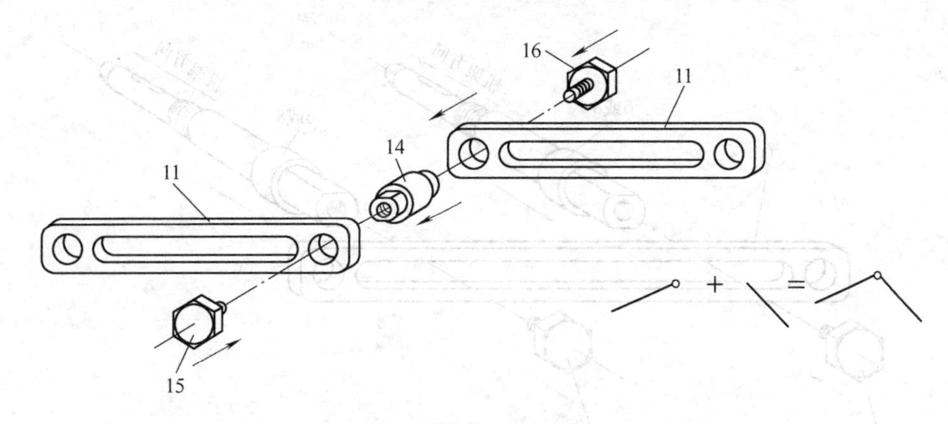

图 9-9　转动副的拼接

提示：根据实际拼接层面的需要，件 14 可用件 7“转动副轴-3”替代，由于件 7 的轴颈较长，此时需选用相应的运动构件层面限位套 17 对构件的运动层面进行限位。

(3) 移动副的拼接　移动副的拼接如图 9-10 所示。转滑副轴 24 的圆轴端插入连杆 11 的长槽中，通过带垫片的螺钉 15 的连接，转滑副轴 24 可与连杆 11 形成移动副。

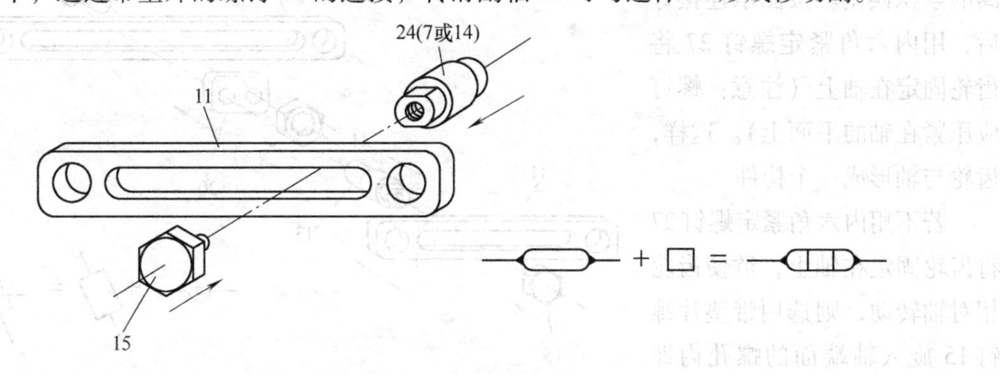

图 9-10　移动副的拼接

提示：转滑副轴 24 的另一端扁平轴可与其他构件形成转动副或移动副。根据拼接的实际需要，也可选用件 7 或 14 替代 24 件作为滑块。

另外一种形成移动副的拼接方式如图 9-11 所示。选用两根轴（6 或 8），将轴固定在机架上，然后再将连杆 11 的长槽插入两轴的扁平轴颈上，旋入带垫片螺钉 15，则连杆在两轴的支承下相对机架作往复移动。

提示：根据实际拼接的需要，若选用的轴颈较长，此时需选用相应的运动构件层面限位套 17 对构件的运动层面进行限位。

(4) 滑块与连杆组成转动副和移动副的拼接　如图 9-12 所示的拼接效果是滑块 13 的扁平轴颈处与连杆 11 形成移动副；在构件 20、21 的帮助下，滑块 13 的圆轴颈处与另一连杆在连杆长槽的某一位置形成转动副。首先用螺栓 21 和螺母 34 将固定转轴块 20 锁定在连杆 11 上，再将转动副轴 13 的圆轴端穿插构件 20 的圆孔及连杆 11 的长槽中，用带垫片的螺钉 15 旋入 13 的圆轴颈端面的螺孔中，这样 13 与 11 形成转动副。将 13 扁头轴颈插入另一连杆的长槽中，将 15 旋入 13 的扁平轴端面螺孔中，这样 13 与另一连杆 11 形成移动副。

(5) 齿轮与轴的拼接　如图 9-13 所示，齿轮 2 装入轴 6 或轴 8 时，应紧靠轴（或运动

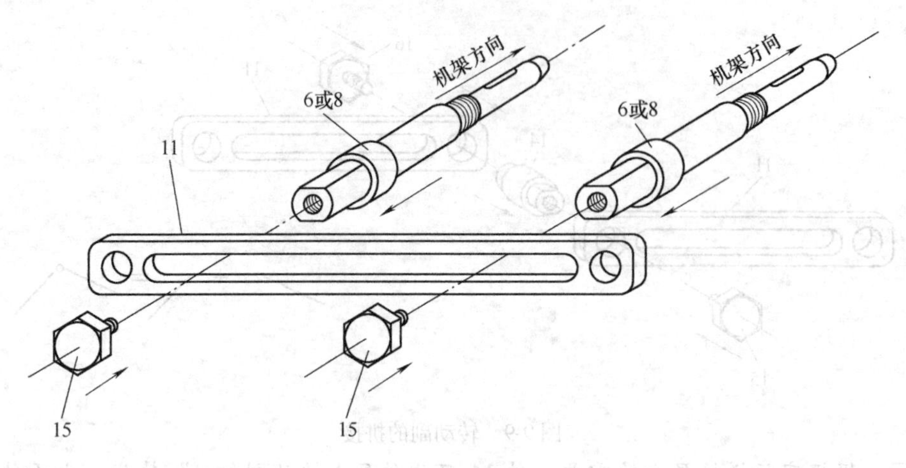

图 9-11　移动副的拼接

构件层面限位套 17）的根部，以防止造成构件的运动层面距离的累积误差。按图示连接好后，用内六角紧定螺钉 27 将齿轮固定在轴上（注意：螺钉应压紧在轴的平面上）。这样，齿轮与轴形成一个构件。

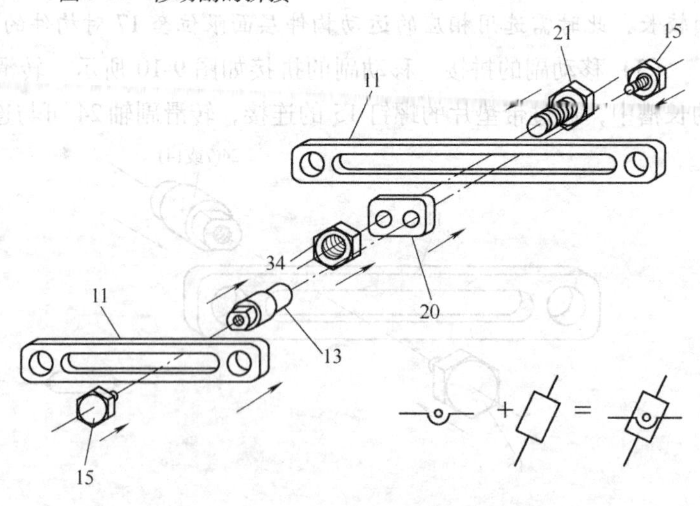

图 9-12　滑块与连杆组成转动副、移动副的拼接

若不用内六角紧定螺钉 27 将齿轮固定在轴上，欲使齿轮相对轴转动，则选用带垫片螺钉 15 旋入轴端面的螺孔内即可。

（6）齿轮与连杆形成转动副的拼接　如图 9-14 所示拼接，连杆 11 与齿轮 2 形成转动副。视所选用盘杆转动轴 19 的轴颈长度不同，决定是否需用运动构件层面限位套 17。

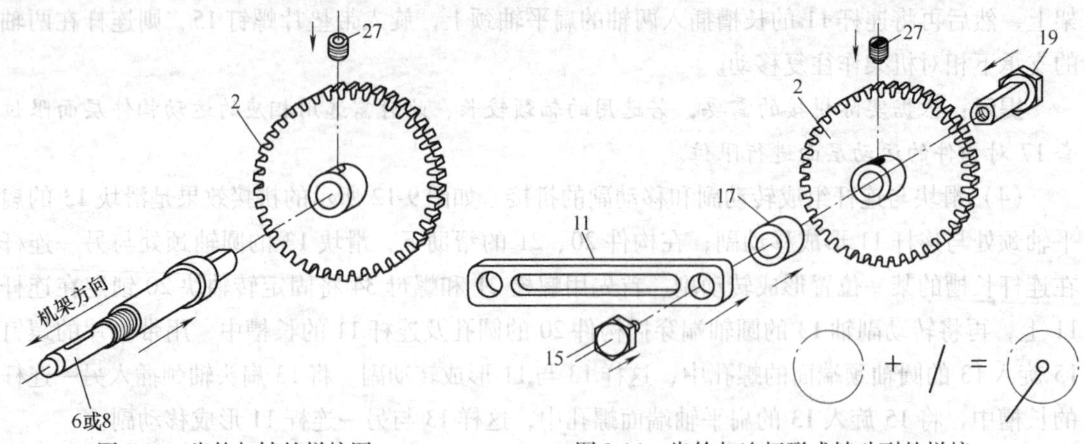

图 9-13　齿轮与轴的拼接图　　　　图 9-14　齿轮与连杆形成转动副的拼接

若选用轴颈长度 $L=35\mathrm{mm}$ 的盘杆转动轴 19，则可组成双联齿轮，并与连杆形成转动副，参见图 9-15 所示；若选用 $L=45\mathrm{mm}$ 的盘杆转动轴 19，同样可以组成双联齿轮，与前者不同的是要在盘杆转动轴 19 上加装一个运动构件层面限位套 17。

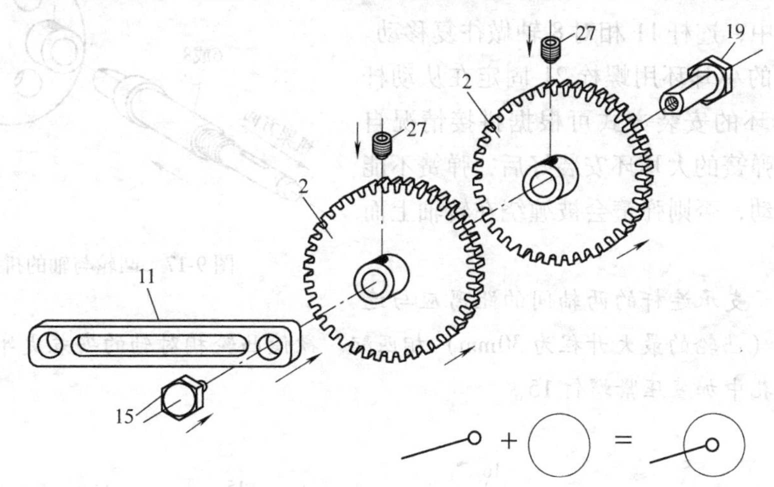

图 9-15　双联齿轮与连杆形成转动副的拼接

（7）齿条护板与齿条、齿条与齿轮的拼接　如图 9-16 所示，当齿轮相对齿条啮合时，若不使用齿条导向板，则齿轮在运动时会脱离齿条。为避免此种情况发生，在拼接齿轮与齿条啮合运动方案时，需选用两根齿条导向板 23 和螺栓、螺母 21 按图 9-16 的方法进行拼接。

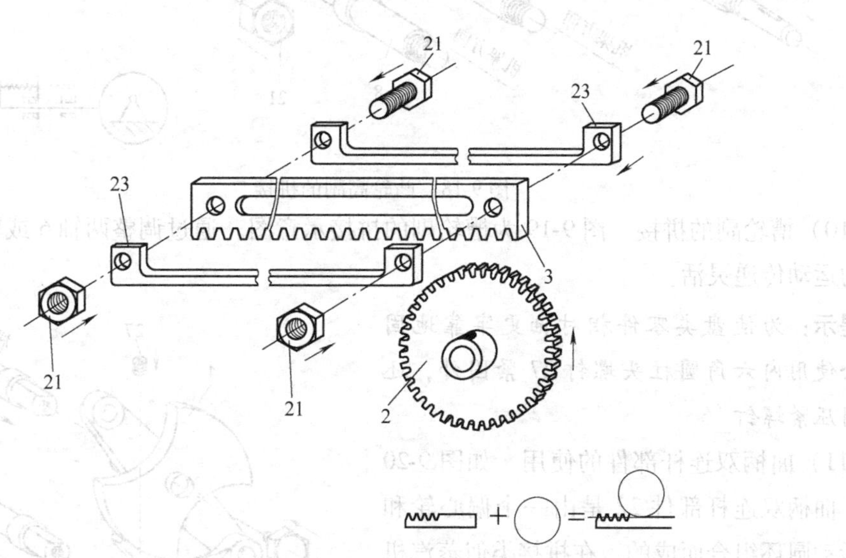

图 9-16　齿轮护板与齿条、齿条与齿轮的拼接

（8）凸轮与轴的拼接　按图 9-17 所示拼接好后，凸轮 1 与轴 6 或 8 形成一个构件。

若不用内六角紧定螺钉 27 将凸轮固定在轴的上，而选用带垫片螺钉 15 旋入轴端面的螺孔内，则凸轮相对轴转动。

（9）凸轮高副的拼接　如图 9-18 所示，首先将轴 6 或 8 与机架相连。然后分别将凸轮

1、从动件连杆 11 拼接到相应的轴上去。用内六角圆柱头螺钉 27 将凸轮紧定在 6 轴上，凸轮 1 与 6 轴形成一个运动构件；将带垫片螺钉 15 旋入 8 轴端面的螺孔中，连杆 11 相对 8 轴做往复移动。高副锁紧弹簧的小耳环用螺栓 21 固定在从动杆连杆上，大耳环的安装方式可根据拼接情况自定，必须注意弹簧的大耳环安装好后，弹簧不能随运动构件转动，否则弹簧会被缠绕在转轴上而不能工作。

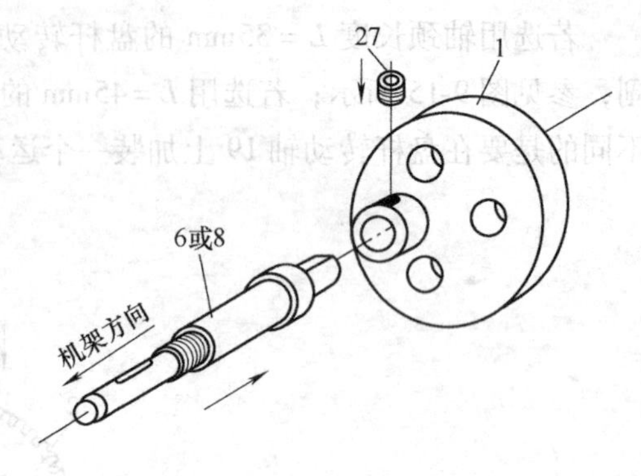

图 9-17　凸轮与轴的拼接

提示：用于支承连杆的两轴间的距离应与连杆的移动距离（凸轮的最大升程为 30mm）相匹配。欲使凸轮相对轴的安装更牢固，还可在轴端面的内螺孔中加装压紧螺钉 15。

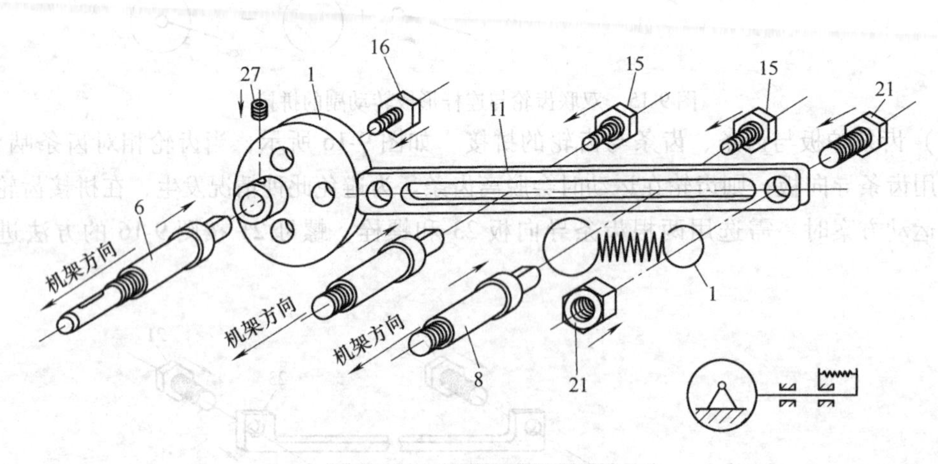

图 9-18　凸轮高副的拼接

（10）槽轮副的拼接　图 9-19 为槽轮副的拼接示意图。通过调整两轴 6 或轴 8 的间距使槽轮的运动传递灵活。

提示：为使盘类零件相对轴更牢靠地固定，除使用内六角圆柱头螺钉 27 紧固外，还可加用压紧螺钉 16。

（11）曲柄双连杆部件的使用　如图 9-20 所示，曲柄双连杆部件 22 是由一个偏心轮和一个活动圆环组合而成的。在拼接类似蒸汽机机构运动方案时，需要用到曲柄双连杆部件，否则会产生运动干涉。参见图 9-25 所示的蒸汽机机构，活动圆环相当于 *ED* 杆，活动圆环的几何中心相当于转动副中心 *D*。欲将一根连杆与偏心轮形成同一构件，可将该连杆与偏心

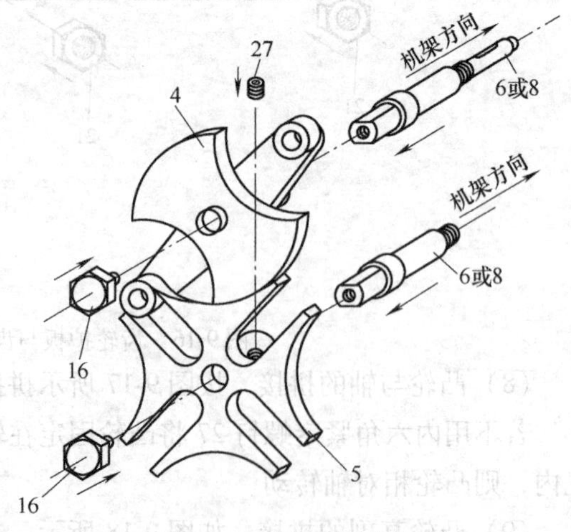

图 9-19　槽轮副的拼接

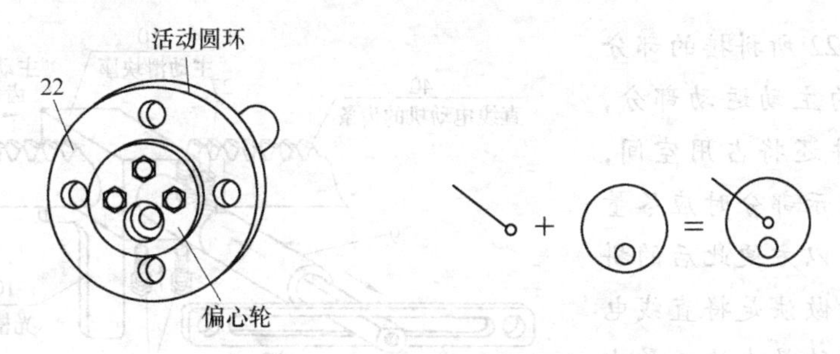

图 9-20　曲柄双连杆部件的使用

轮固定在同一根 6 或 8 轴上，此时该连杆相当于机构运动简图中的 *AB* 杆。

（12）滑块导向杆相对机架的拼接　如图 9-21 所示，将轴 6 或轴 8 插入滑块 28 的轴孔中，用平垫片、防脱螺母 34 将轴 6 或轴 8 固定在机架 29 上，并使轴颈平面平行于直线电动机齿条的运动平面，以保证主动滑块插件 9 的中心轴线与直线电动机齿条的中心轴线相互垂直且在一个运动平面内；将滑块导向杆 11 通过压紧螺钉 16 固定在 6 或 8 轴颈上。这样，滑块导向杆 11 与机架 29 成为一个构件。

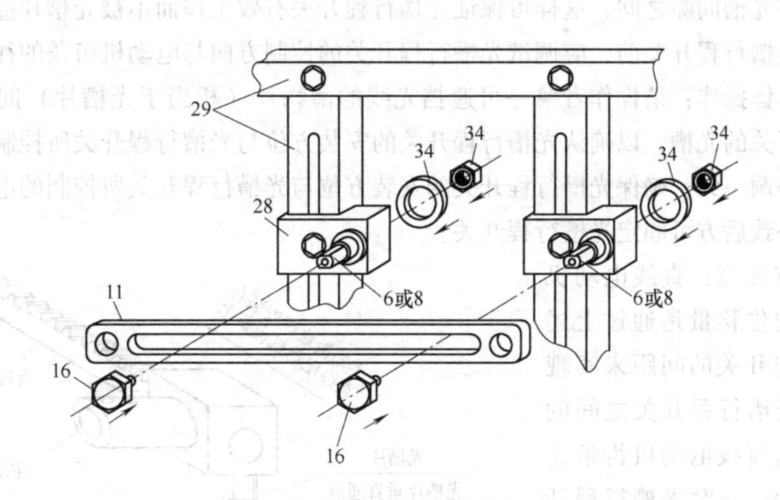

图 9-21　滑块导向杆相对机架的拼接

（13）主动滑块与直线电动机齿条的拼接　当滑块为原动件且接受的输入运动为直线运动时，其与直线电动机的安装如图 9-22 所示。首先将主动滑块座 10 套在直线电动机的齿条上（为防止直线电动机齿条脱离电动机主体，建议将主动滑块座固定在电动机齿条的端头位置），再将主动滑块插件 9 上只有一个平面的轴颈端插入主动滑块座 10 的内孔中，有两平面的轴颈端插入起支承作用的连杆 11 的长槽中（这样可使主动滑块不作悬臂运动），然后，将主动滑块座调整至水平状态，直至主动滑块插件 9 相对连杆 11 的长槽能作灵活的往复直线运动为止，此时用螺钉 26 将主动滑块座固定。起支承作用的连杆 11 固定在机架 29 上的拼接方法，参看图 9-21。最后，根据外接构件的运动层面需要调节主动滑插件 9 的外伸长度（必要的情况下，沿主动滑块插件 9 的轴线方向调整直线电动机的位置），以满足与主动滑块插件 9 形成运动副的构件的运动层面的需要，用内六角紧定螺钉 27 将主动滑块插件 9 固定在主动滑块座 10 上。

提示：图 9-22 所拼接的部分仅为某一机构的主动运动部分，后续拼接的构件还将占用空间，因此，在拼接图示部分时应尽量减少占用空间，以方便此后的拼接需要。具体的做法是将直线电动机固定在机架的最左边或最右边位置。

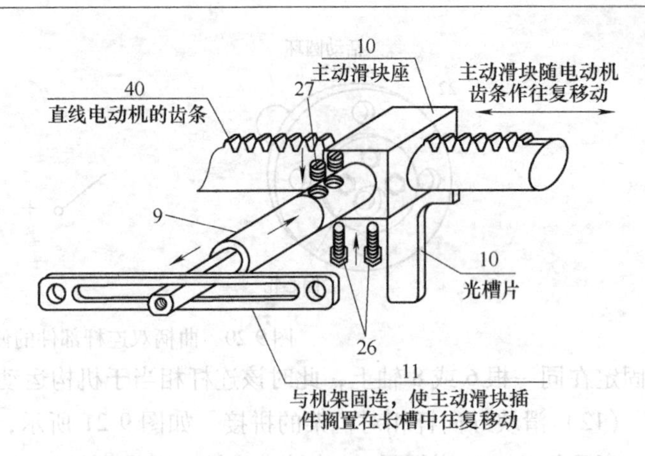

图 9-22　主动滑块与直线电动机齿条的拼接

（14）光槽行程开关的安装　图 9-23 所示的为光槽行程开关的安装。首先用螺钉将光槽片固定在主动滑块座上；再将主动滑块座水平地固定在直线电动机齿条的端头；然后用内六角螺钉将光槽行程开关固定在实验台机架底部的长槽上，且使光槽片能顺利通过光槽行程开关，也即光槽片处在光槽间隙之间，这样可保证光槽行程开关有效工作而不被光槽片撞坏。

在固定光槽行程开关前，应调试光槽行程开关的控制方向与电动机齿条的往复运动方向和谐一致。具体操作：请操作者拿一可遮挡光线的薄物片（相当于光槽片）间断插入或抽出光槽行程开关的光槽，以确认光槽行程开关的安装方位与光槽行程开关所控制的电动机齿条运动方向协调一致；确保光槽行程开关的安装方位与光槽行程开关所控制的电动机齿条运动方向协调一致后方可固定光槽行程开关。

操作者应注意：直线电动机齿条的单方向位移量是通过上述一对光槽行程开关的间距来实现其控制的。光槽行程开关之间的安装间距即为直线电动机齿条在单方向的行程，一对光槽行程开关的安装间距要求不超过 290 mm。由于主动滑块座需要靠连杆支承（参看图 9-22 主动滑块与直线电动机齿条的拼接），也即主动滑块是在连杆的长孔范围内作往复运动，而最长连杆 11-7 上的长孔尺寸小于 300mm，因此，一对光槽行程开关的安装间距不能超过 290 mm，否则会造成人身和设备的安全事故。

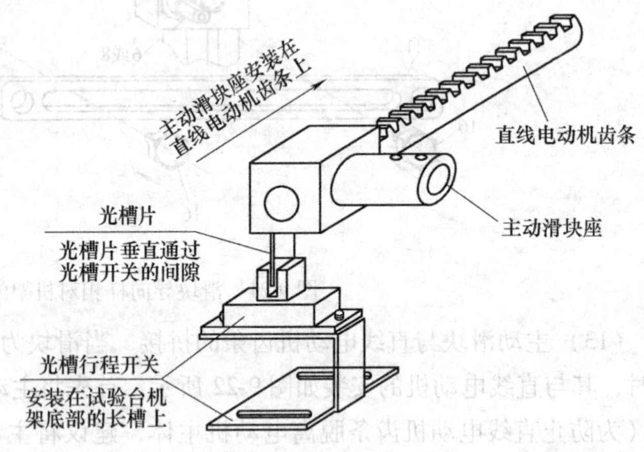

图 9-23　光槽行程开关的安装

（15）蒸汽机机构拼接实例　通过图 9-24 所示的蒸汽机机构拼接实例，使操作者进一步熟悉零件的使用，该蒸汽机的机构运动简图请参见图 9-24。在实际拼接中，为避免蒸汽机机构中的曲柄滑块机构与曲柄摇杆机构间的运动发生干涉，机构运动简图中所标明的构件 1 和构件 4 应选用“曲柄双连杆部件”22 和一根短连杆 11 替代二者的作用。

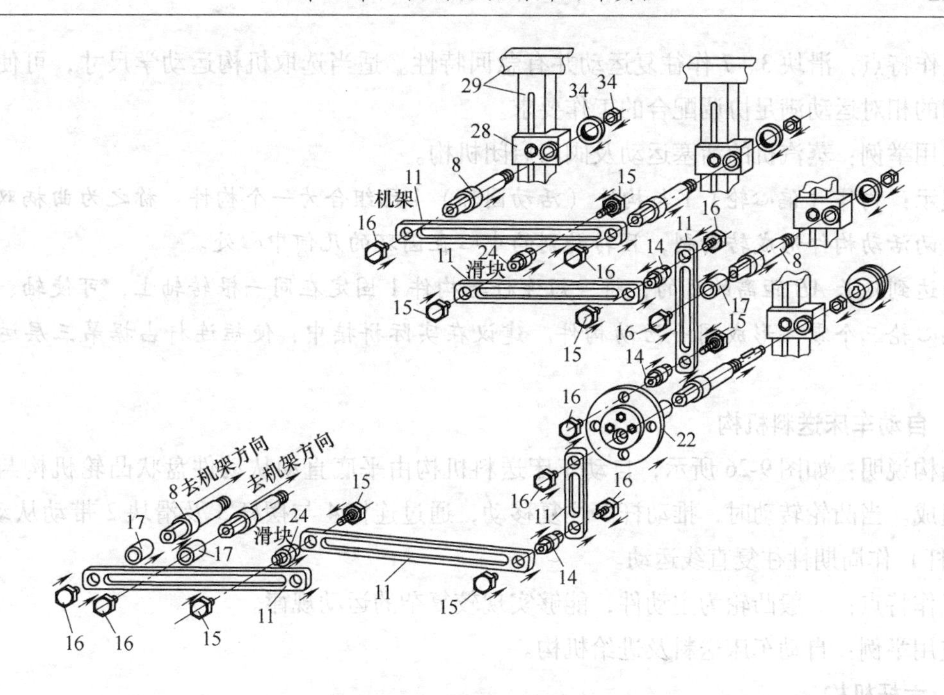

图 9-24　蒸汽机机构拼接实例

八、实验内容

实验前首先要以平面机构运动简图的形式拟定机构运动方案，然后使用“CQJP-D 机构运动创新设计实验台”进行运动方案的拼接，通过调整布局、连接方式及尺寸来验证和改进设计，最终确定切实可行、性能较优的机构运动方案和参数。

实验时每 3 ~ 4 名学生一组，至少完成一种运动方案的拼接设计实验。

机构运动方案可由学生根据原始设计数据要求进行构思和设计，也可从下列工程机械的各种实际机构中进行选择，并完成其方案的拼接和运动关系验证。

下列实例的机构运动简图中所标注的数字编号的意义为：横杠前面的数字代表构件编号，横杠后面的数字为建议该构件所占据的运动层面。运动层面数的第 1 层是指机架的拼接起始参考面，层面数越大距离第 1 层越远。

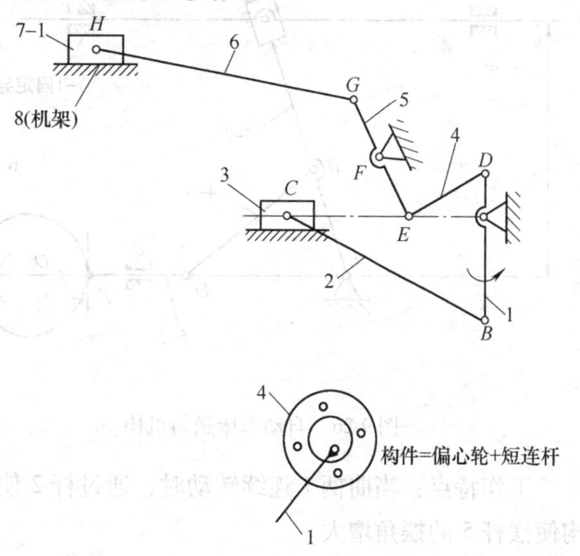

图 9-25　蒸汽机机构

1. 蒸汽机机构

结构说明：如图 9-25 所示，组件 1-2-3-8 组成曲柄滑块机构，组件 8-1-4-5 组成曲柄摇杆机构，组件 5-6-7-8 组成摇杆滑块机构。曲柄摇杆机构与摇杆滑块机构串联组合。

工作特点：滑块 3、7 作往复运动并有急回特性。适当选取机构运动学尺寸，可使两滑块之间的相对运动满足协调配合的工作要求。

应用举例：蒸汽机的活塞运动及阀门启闭机构。

提示：构件（偏心轮）1 与构件（活动圆环）4 已组合为一个构件，称之为曲柄双连杆部件。两活动构件形成转动副，且转动副的中心在圆环的几何中心处。

为达到延长 AB 距离的目的，将一短连杆与构件 1 固定在同一根转轴上，可使轴、短连杆和偏心轮三个零件形成同一活动构件。建议在实际拼接中，使短连杆占据第三层运动层面。

2. 自动车床送料机构

结构说明：如图 9-26 所示，自动车床送料机构由平底直动从动件盘状凸轮机构与连杆机构组成。当凸轮转动时，推动杆 5 往复移动，通过连杆 4 与摆杆 3 及滑块 2 带动从动件 1（推料杆）作周期性往复直线运动。

工作特点：一般凸轮为主动件，能够实现较复杂的运动规律。

应用举例：自动车床送料及进给机构。

3. 六杆机构

结构说明：如图 9-27 所示，六杆机构由曲柄摇杆机构 6-1-2-3 与摆动导杆机构 3-4-5-6 组成。曲柄 1 为主动件，摆杆 5 为从动件。

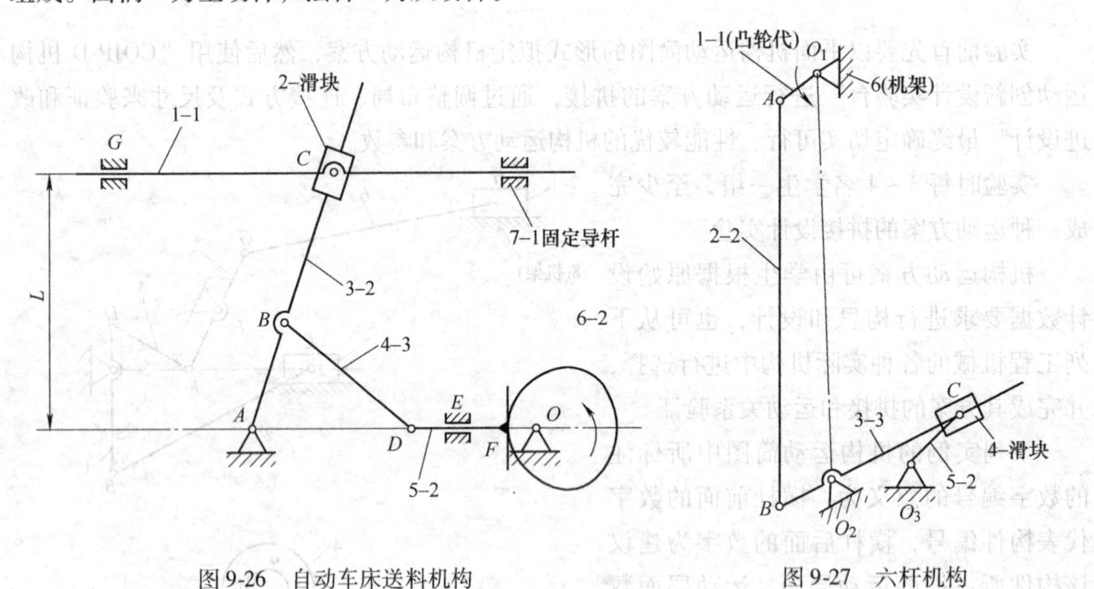

图 9-26　自动车床送料机构　　图 9-27　六杆机构

工作特点：当曲柄 1 连续转动时，通过杆 2 使摆杆 3 作一定角度的摆动，再通过导杆机构使摆杆 5 的摆角增大。

应用举例：缝纫机摆梭机构。

4. 双摆杆摆角放大机构

结构说明：如图 9-28a 所示，主动摆杆 1 与从动摆杆 3 的中心距 L 应小于摆杆 1 的半径 r。

工作特点：当主动摆杆 1 摆动 α 角时，从动杆 3 的摆角 β 大于 α，实现摆角增大，各参数之间的关系为

$$\beta = 2\arctan\frac{(r/L)\tan(\alpha/2)}{(r/L)-\sec(\alpha/2)}$$

提示：由于图 9-28a 中存在双摆杆，所以不能用电动机带动，只能用手动方式观察其运动。若要用电动机带动，则可按图 9-28b 所示方式拼接。

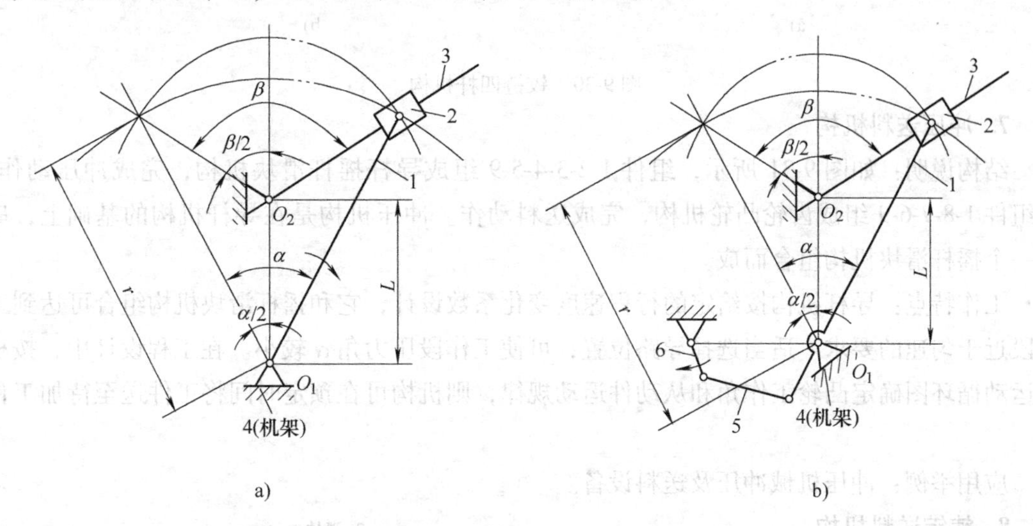

图 9-28　双摆杆摆角放大机构

5. 转动导杆与凸轮放大升程机构

结构说明：如图 9-29 所示，曲柄 1 为主动件，凸轮 3 和导杆固联。

工作特点：当曲柄 1 由图示位置顺时针转过 90°时，导杆和凸轮一起转过 180°。图 9-29 所示的机构常用于凸轮升程较大，而升程角受到某些因素的限制不能太大的情况。该机构制造安装简单，工作性能可靠。

6. 铰链四杆机构

结构说明：如图 9-30a 所示，双摇杆机构 $ABCD$ 的各构件长度满足条件：机架 $l_{AB}=0.64l_{BC}$，摇杆 $l_{AD}=1.18l_{BC}$，连杆 $l_{DC}=0.27l_{BC}$，E 点为连杆 CD 延长线上的点，且 $l_{DE}=0.83l_{BC}$。BC 为主动摇杆。

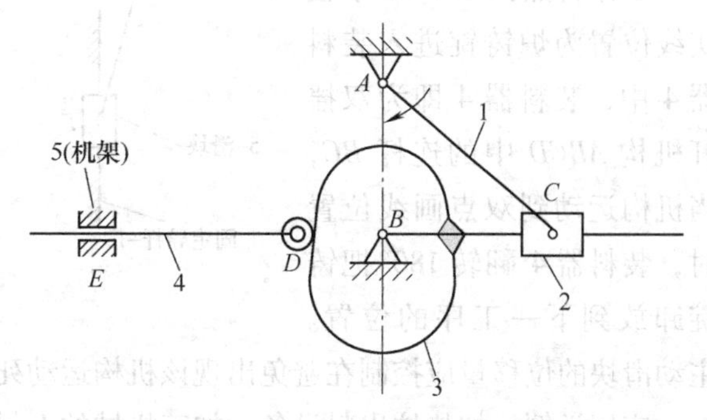

图 9-29　转动导杆与凸轮放大升程机构

工作特点：当主动摇杆 BC 绕 B 点摆动时，E 点轨迹为图中双点画线所示，其中有一段为近似直线。

应用举例：可作固定式港口用起重机，E 点处安装吊钩。利用 E 点轨迹的近似直线段吊装货物，能符合吊装设备的平稳性要求。

提示：由于是双摇杆，所以不能用电动机带动，只能用手动方式观察其运动。若要用电动机带动，则可按图 9-30b 所示方式串联一个曲柄摇杆机构。

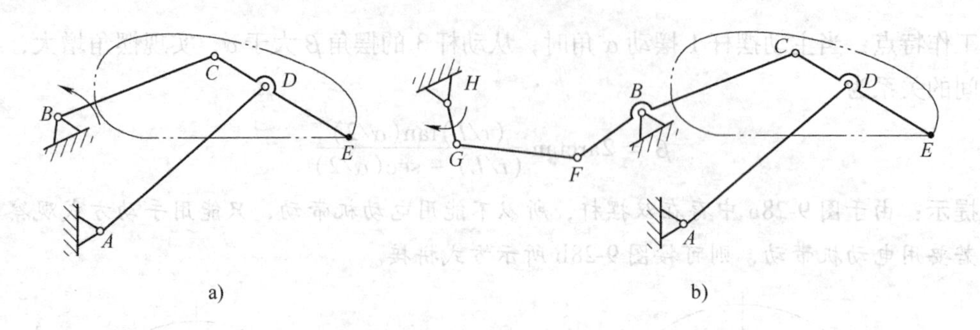

图 9-30　铰链四杆机构

7. 冲压送料机构

结构说明：如图 9-31 所示，组件 1-2-3-4-5-9 组成导杆摇杆滑块机构，完成冲压动作；由组件 1-8-7-6-9 组成齿轮凸轮机构，完成送料动作。冲压机构是在导杆机构的基础上，串联一个摇杆滑块机构组合而成。

工作特点：导杆机构按给定的行程速度变化系数设计，它和摇杆滑块机构组合可达到工作段近于匀速的要求。适当选择导路位置，可使工作段压力角 α 较小。在工程设计中，按机构运动循环图确定凸轮工作角和从动件运动规律，则机构可在预定时间将工件送至待加工位置。

应用举例：冲压机械冲压及送料设备。

8. 铸锭送料机构

结构说明：如图 9-32 所示，滑块为主动件，通过连杆 2 驱动双摇杆 *ABCD*，将从加热炉出来的铸锭（工件）送到下一工序。

工作特点：图 9-32 中粗实线位置为炉铸锭进入装料器 4 中，装料器 4 即为双摇杆机构 *ABCD* 中的连杆 *BC*，当机构运动到双点画线位置时，装料器 4 翻转 180°把铸锭卸放到下一工序的位置。主动滑块的位移量应控制在避免出现该机构运动死点（摇杆与连杆共线时）的范围内。

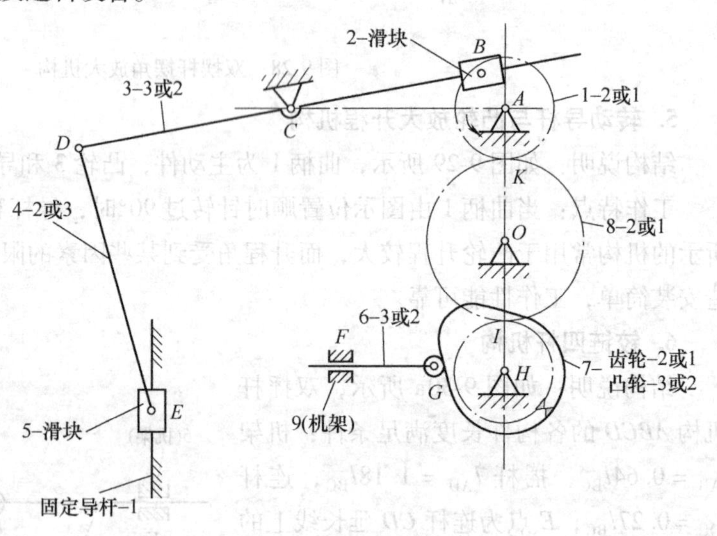

图 9-31　冲压送料机构

应用举例：加热炉出料设备、加工机械的上料设备等。

9. 插床的插削机构

结构说明：如图 9-33 所示，在 *ABC* 摆动导杆机构的摆杆 *BC* 反向延长线的 *D* 点上加由连杆 4 和滑块 5 组成的二级杆组，成为六杆机构。

工作特点：主动曲柄 *AB* 匀速转动，滑块 5 在垂直 *AC* 的导路上往复移动，具有急回特性。改变 *ED* 连杆的长度，滑块 5 可获得不同的规律。

应用举例：在滑块 5 处固接插刀，可作为插床的插削机构。

10. 插齿机主传动机构

结构说明：如图 9-34 所示，组件 1-2-3-6 组成曲柄摇杆机构，组件 3-4-5-6 组成摇杆滑块机构，两机构串联组合成六杆机构。

工作特点：该机构既具有空回行程的急回特性，又具有工作行程的等速性。

应用举例：插齿机的主传动机构。

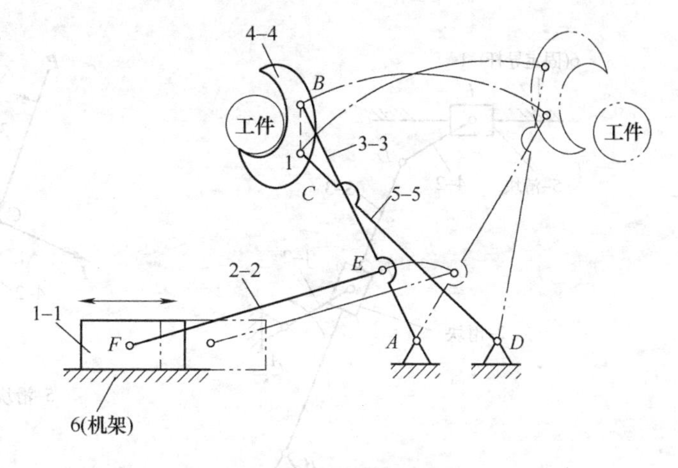

图 9-32 铸锭送料机构

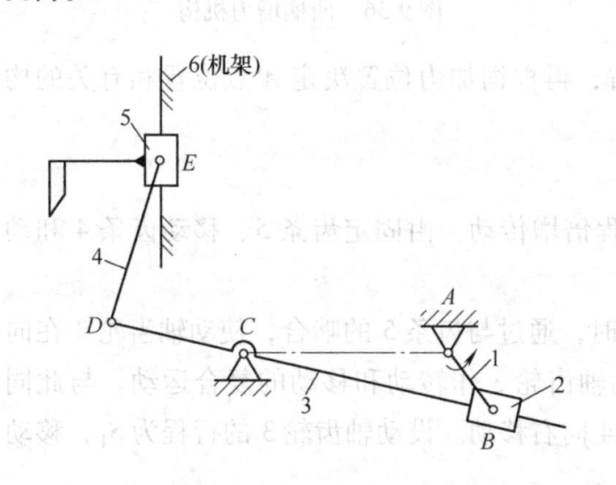

图 9-33 插床的插削机构

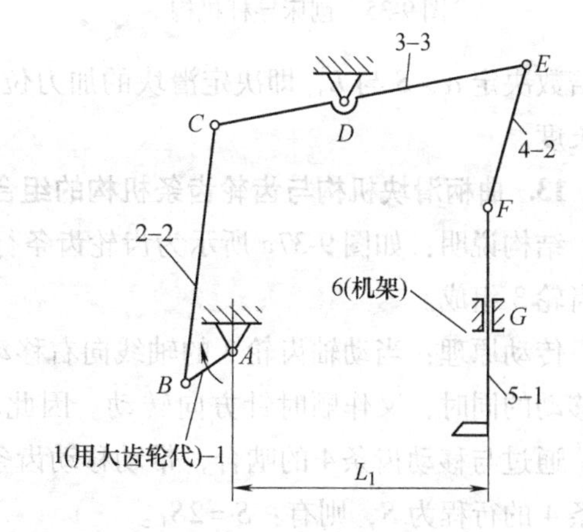

图 9-34 插齿机主传动机构

11. 刨床导杆机构

结构说明：如图 9-35 所示，由组件 1-2-3-6 构成摆动导杆机构，组件 3-4-5-6 构成摇杆滑块机构。两机构串联组合，其动力是由电动机经带传动、齿轮传动使曲柄 1 绕轴 A 回转，再经滑块 2、导杆 3、连杆 4 带动装有刨刀的滑枕 5 沿机架 6 的导轨槽作往复直线运动，从而完成刨削工作。

工作特点：工作行程接近匀速运动，空回行程可实现急回。

应用举例：牛头刨床主运动机构。

12. 曲柄增力机构

结构说明：如图 9-36 所示，由组件 1-2-3-6 组成曲柄摇杆机构，组件 3-4-5-6 组成摇杆滑块机构。两机构串联组合。

工作特点：当 BC 杆受力 F，CD 杆受力 P 时，则滑块 5 产生的压力为

$$Q = \frac{FL\cos\alpha}{S}$$

由上式可知，减小 α 和 S 及增大 L，均能增大增力倍数。因此设计时，可根据需要的增

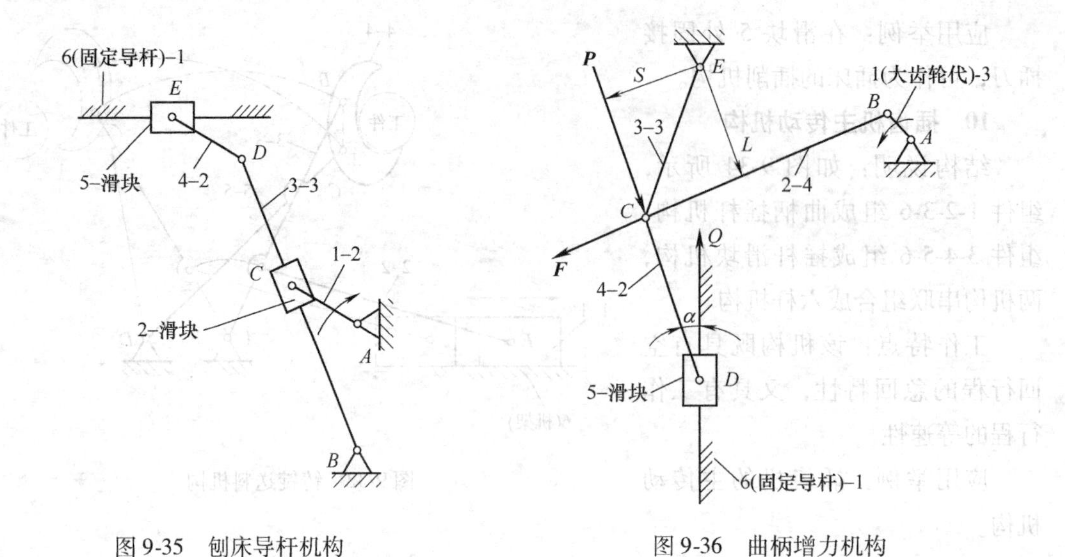

图 9-35　刨床导杆机构　　　　图 9-36　曲柄增力机构

力倍数决定 α、S 与 L，即决定滑块的加力位置，再根据加力位置决定 A 点位置和有关的构件长度。

13. 曲柄滑块机构与齿轮齿条机构的组合

结构说明：如图 9-37a 所示为齿轮齿条行程倍增传动，由固定齿条 5、移动齿条 4 和动轴齿轮 3 组成。

传动原理：当动轴齿轮 3 的轴线向右移动时，通过与齿条 5 的啮合，使动轴齿轮 3 在向右移动的同时，又作顺时针方向转动。因此动轴齿轮 3 作转动和移动的复合运动。与此同时，通过与移动齿条 4 的啮合，带动移动齿条 4 向右移动。设动轴齿轮 3 的行程为 S_1，移动齿条 4 的行程为 S，则有：$S=2S_1$。

图 9-37b 所示机构由齿轮齿条倍增传动与对心曲柄滑块机构串联组成，当曲柄转动带动 C 点移动时，在移动齿条 4 上可得到较大行程。如果应用对心曲柄滑块机构实现行程放大，以要求保持机构受力状态良好，即传动压力角较小，可应用“行程分解变换原理”，将给定的曲柄滑块机构的大行程 S 分解成两部分，$S=S_1+S_2$，按行程 S_1 设计对心曲柄滑块机构；按行程 S_2 设计附加机构，使机构的总行程为 $S=S_1+S_2$。

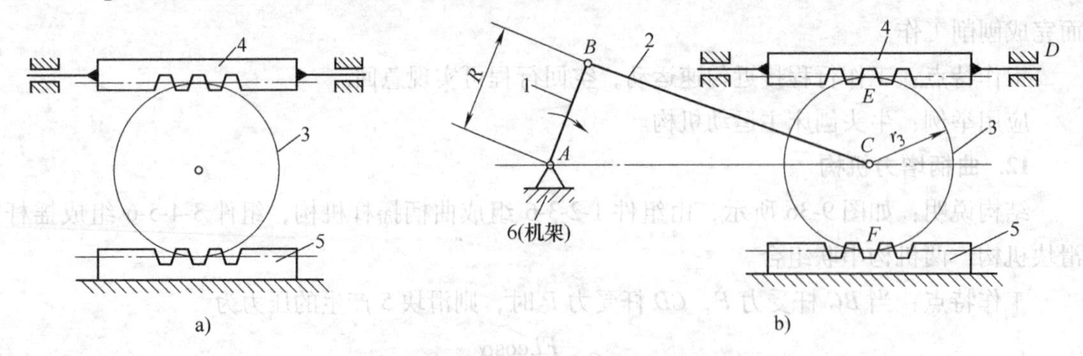

图 9-37　曲柄滑块机构与齿轮齿条机构的组合

工作特点：此组合机构最重要的特点是上齿条的行程比齿轮 3 的铰接中心点 C 的行程

大。此外，上齿条作往复直线运动且具有急回特性。当主动件曲柄 1 转动时，齿轮 3 沿固定齿条 5 往复滚动，同时带动齿条 4 作往复移动，齿条 4 的行程与曲柄长 R 之间的关系为 $S=S_1+S_2=2R+2R=4R$。

应用举例：印刷机送纸机构。

如图 9-38 所示，若曲柄滑块机构相对齿轮 3 中心偏置，此时齿条 4 的行程 S 与 R 应是怎样的关系？齿条 4 的位移量相对齿轮 3 中心点 C 的位移量又是何关系？由实验者自选推证。

在工程实际中，还可以对图 9-37b 所示的机构进行变通。如齿轮 3 改用节圆半径分别为 r_3、r_3' 的双联齿轮 3、3′，并以齿轮 3 与齿条 5 啮合，齿轮 3′与齿条 4 啮合，则齿条 4 的行程为 $S=2\left(1+\frac{r_3'}{r_3}\right)R$，当 $r_3'>r_3$ 时，$S>4R$。

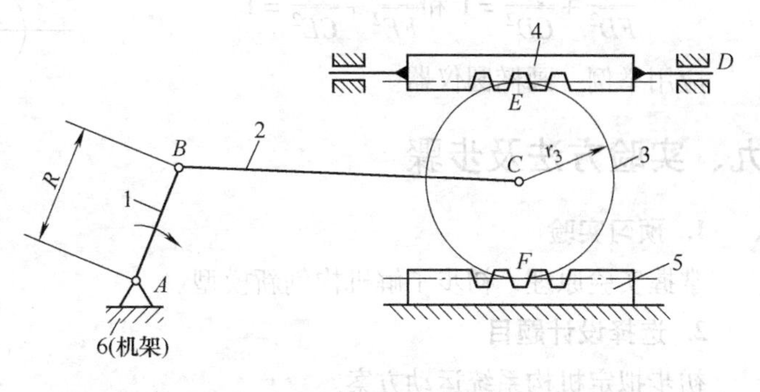

图 9-38 偏置曲柄滑块机构与齿轮齿条机构的组合

14. 曲柄摇杆机构

结构说明：图 9-39 所示为曲柄摇杆机构。当机构尺寸满足以下条件时

$$l_{BC}=l_{CD}=l_{CM}=2.5l_{AB}，l_{AD}=2l_{AB}$$

曲柄 1 绕 A 点沿着 adb 转动半周，连杆 2 上 M 点轨迹近似为直线 $a_1d_1b_1$。

应用举例：搬运货物的输送机及电影放映机的抓片机构等。

15. 四杆机构

结构说明：如图 9-40 所示为四杆机构。当机构尺寸满足以下条件时

$$l_{BC}=l_{CD}=l_{CM}=1，l_{AB}=0.136，l_{AD}=1.41$$

构件 1 绕 A 点顺时针方向转动，构件 2 上 M 点以逆时针方向转动，其轨迹近似为圆形。

应用举例：搅拌机机构。

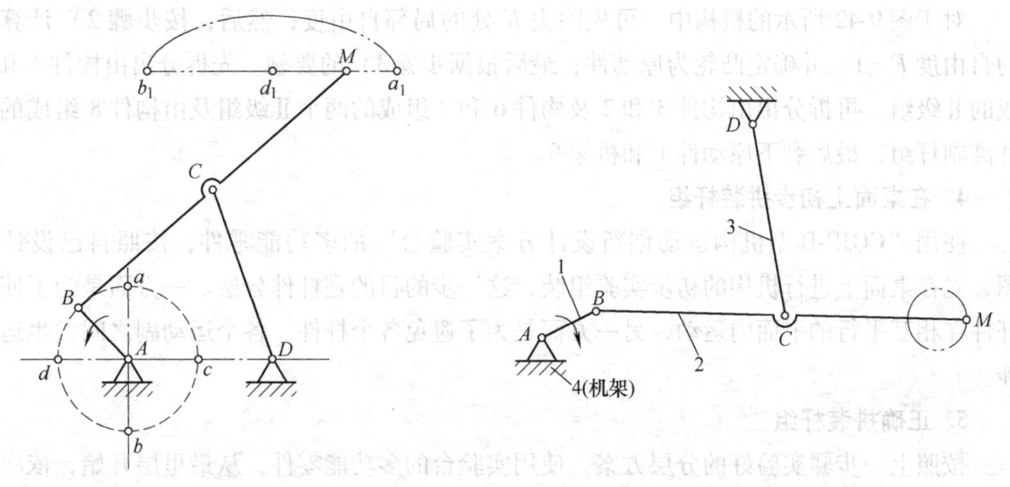

图 9-39 曲柄摇杆机构　　图 9-40 四杆机构

16. 曲柄滑块机构

结构说明：图 9-41 所示为曲柄滑块机构。当机构尺寸满足下列条件时

$$l_{AB}=l_{BC}=l_{BF}$$

构件 1 绕 A 点转动，构件 2 上 F 点沿 Ay 轴运动，D 点和 E 点轨迹为椭圆，其方程为

$$\frac{x^2}{FD^2}+\frac{y^2}{CD^2}=1 \text{ 和 } \frac{x^2}{FE^2}+\frac{y^2}{CE^2}=1$$

应用举例：画椭圆仪器。

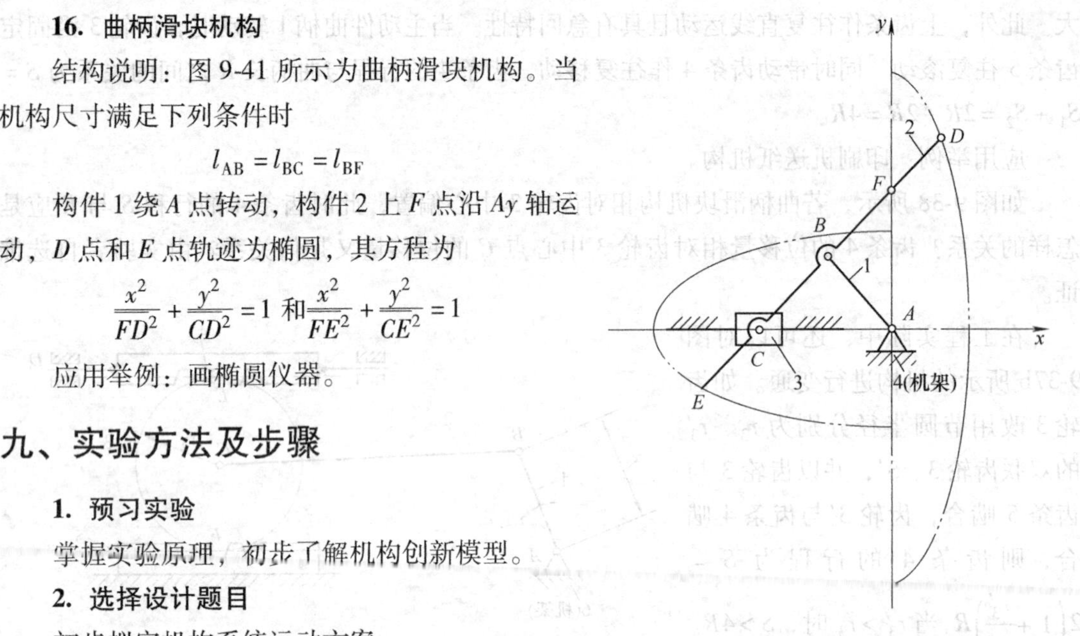

图 9-41　曲柄滑块机构

九、实验方法及步骤

1. 预习实验

掌握实验原理，初步了解机构创新模型。

2. 选择设计题目

初步拟定机构系统运动方案。

3. 正确拆分杆组

先画在纸上拆分，然后在实验台上拆分。

从机构中拆出杆组分为三个步骤：

1）先去掉机构中的局部自由度和虚约束。

2）计算机构的自由度，确定原动件。

3）从远离原动件的一端开始拆分杆组，每次拆分时，先试着拆分出Ⅱ级组，没有Ⅱ级组时，再拆分Ⅲ级组等高级组，最后剩下原动件和机架。

拆分杆组是否正确的判定方法是：拆去一个杆组或一系列杆组后，剩余的必须为一个与原机构具有相同自由度的子机构或若干个与机架相连的原动件，不能有不成组的零散构件或运动副存在；全部杆组拆完后，只应当剩下与机架相连的原动件。

对于图 9-42 所示的机构中，可先除去 K 处的局部自由度；然后，按步骤 2）计算机构的自由度 $F=1$，并确定凸轮为原动件；最后根据步骤 3）的要领，先拆分出由构件 4 和 5 组成的Ⅱ级组，再拆分出由构件 3 和 2 及构件 6 和 7 组成的两个Ⅱ级组及由构件 8 组成的单构件高副杆组，最后剩下原动件 1 和机架 9。

4. 在桌面上初步拼装杆组

使用“CQJP-D 型机构运动创新设计方案实验台”的多功能零件，按照自己设计的草图，先在桌面上进行机构的初步实验组装，这一步的目的是杆件分层。一方面是为了使各个杆件在相互平行的平面内运动，另一方面是为了避免各个杆件、各个运动副之间发生运动干涉。

5. 正确拼装杆组

按照上一步骤实验好的分层方案，使用实验台的多功能零件，从最里层开始，依次将各个杆件组装连接到机架上。要注意构件杆的选取、转动副的连接、移动副的连接、原动件的

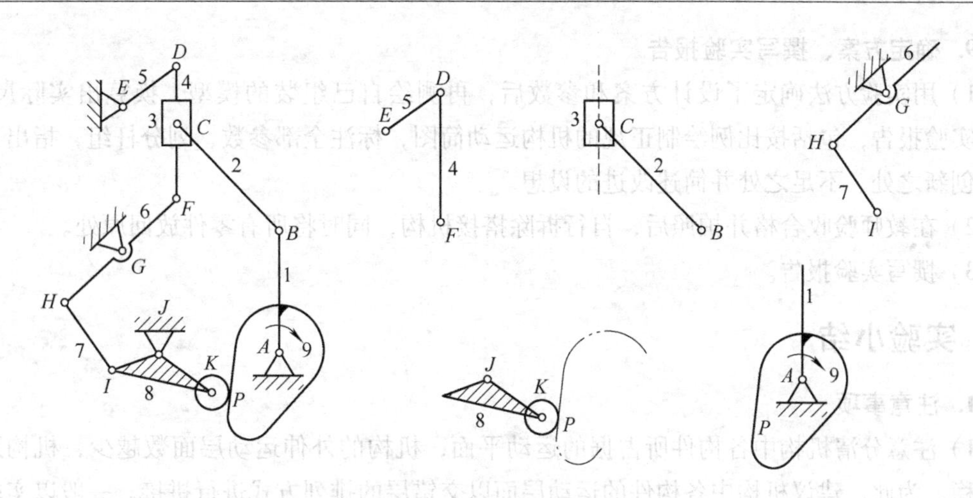

图9-42　杆组拆分例图

组装方式。

6. 输入构件的选择

根据输入运动的形式选择原动件。若输入运动为转动（工程实际中以柴油机、电动机等为动力的情况），则选用双轴承式主动定铰链轴或蜗杆为原动件，并使用电动机通过软轴联轴器进行驱动；若输入运动为移动（工程实际中以液压缸、气缸等为动力的情况），可选用直线电动机驱动。

7. 实现确定运动

试用手动方式驱动原动件，观察各部件的运动都畅通无阻之后，再与电动机相连。检查无误后，方可接通电源。

8. 分析机构的运动学及动力学特性

通过动态观察机构系统的运动，对机构系统运动学及动力学特性作出定性的分析。一般包括如下几个方面：

1）各个构件、运动副是否发生干涉。

2）有无“憋劲”现象。

3）输入转动原动件是否为曲柄。

4）输出件是否具有急回特性。

5）机构的运动是否连续。

6）最小传动角（或最大压力角）是否超过其许用值，是否在非工作行程中。

7）机构运动过程中是否具有刚性冲击或柔性冲击。

8）机构是否灵活、可靠地按照设计要求运动到位。

9）自由度大于1的机构，其几个原动件能否使整个机构的各个局部实现良好的协调动作。

10）控制元件的使用及安装是否合理，是否按预定的要求正常工作。

若观察机构系统运动发生问题，则必须按前述步骤进行组装调整，直至该模型机构灵活、可靠地完全按照设计要求运动。

9. 确定方案、撰写实验报告

1）用实验方法确定了设计方案和参数后，再测绘自己组装的模型，换算出实际尺寸，填写实验报告，包括按比例绘制正规的机构运动简图，标注全部参数，划分杆组，指出自己有所创新之处、不足之处并简述改进的设想。

2）在教师验收合格并拍照后，自行拆除搭接机构，同时将所有零件放回原处。

3）撰写实验报告。

十、实验小结

1. 注意事项

1）注意分清机构中各构件所占据的运动平面，机构的外伸运动层面数越少，机构运动越平稳，为此，建议机构中各构件的运动层面以交错层的排列方式进行拼接。一般以实验台机架铅垂面为拼接的起始参考面，由里向外进行拼装。

2）注意避免相互运动的两构件之间运动平面紧贴而摩擦力过大的情况，适时装入层面限位套。

3）保证每一步所拼装的构件间运动相对灵活，装然后才可以进行下一步的拼装。

4）整个运动系统拼装完成后，首先通过手动原动件进行运动情况检验，转动灵活，无运动干涉时才可以起动电动机带动系统工作。

2. 常见问题

1）在设计机构运动方案时，若计算出来的自由度不为1，而是2甚至是3或4，此时要通过压紧螺钉等零件来增加机构的约束。

2）若运动构件出现干涉现象，应注意拼装时保证各构件均在相互平行的平面内运动，同时保证各构件运动平面与轴线的垂直。

十一、工程实践

机构创新是机械及其功能创新的基础。机构是机械的基本元素，从机械构成及运动原理上分析，机器一般是一个或若干个机构组成的综合体，机器功能的实现常要先归结为其机构的结构构成及运动方案设计，而机器功能的改进与创新，也往往首先从机构的分析及其创新设计开始。研究机构创新设计问题，是进行良好的机械设计及创新的基础，该方面的实践与能力培养，对机械专业学生的创新能力与分析解决问题能力的提高有很重要的作用。

机构运动创新设计可以分为三个步骤：首先必须从认识现有机构开始，将复杂的机械结构简化为机构运动原理图；然后在机构原理图的基础上利用已经掌握的知识和方法寻求新关系，找到存在的问题、分析问题、并进而解决问题，得到新的机构；最后再按照新的机构原理图选择合适的机械零件，组合成正确的机械结构，达到创新设计的要求。

机构创新设计与工程实践是相辅相成的。学生需要更多地接触机械，深入地研究机械，一方面需要提供学生接触实际机械零件和机构的机会，另一方面更需要激发学生的兴趣，引导他们主动地思考和寻找答案。

创新的本质是求变，求变的途径是思维方式。机构演变设计中蕴藏着各种思维方式，只有在机构设计教学中重视和掌握好创新思维方式，才可能培养出有设计原创性新型机构能力的学生，同时，还有助于将机构创新思维方法移植到其他领域进行创新活动。

1. 开口扳手的改进

大多数螺纹连接在装配时都必须拧紧，常用的拧紧工具为扳手，如图 9-43 所示。扳手是利用杠杆原理拧转螺栓、螺钉、螺母等的手工工具。扳手开口宽度可在一定尺寸范围内进行调节，能拧转不同规格的螺栓或螺母。扳手是经大型摩擦压力机压延而成，具有强度高、机械性能稳定、使用寿命长等优点。

以螺母为例，传统型扳手之所以会损坏螺母，其主要原因是扳手作用在螺母上的力主要集中于六角形螺母的某两个角上，如图 9-44 所示。

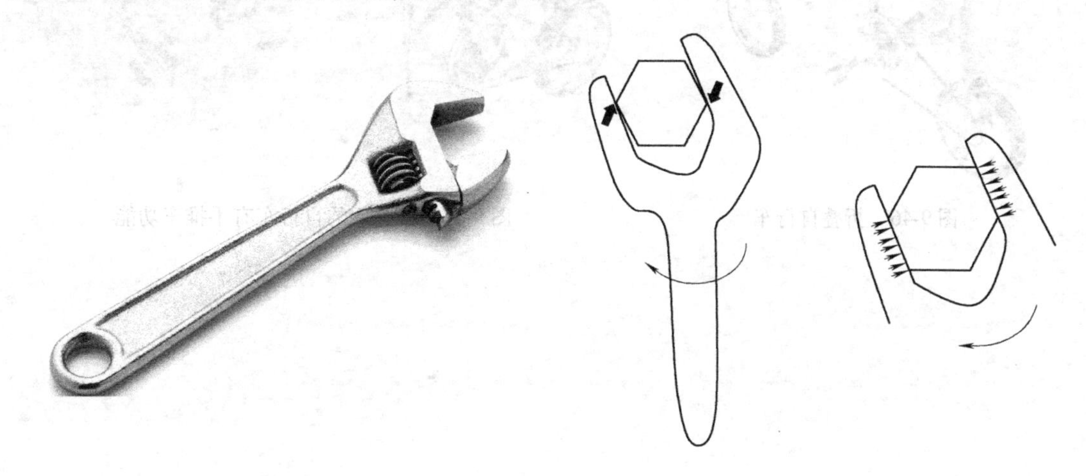

图 9-43　传统型扳手　　　图 9-44　扳手受力

为减少螺母的受损程度，利用相关的机械创新原理和方法，对开口扳手进行改进，具体方法如下：因扳手本身具有不对称形状，通过改变其形状，进一步加强其形状的不对称程度；将传统扳手上、下钳夹的两个平行平面改变成曲面，使力在多个非平行平面作用；去除扳手在工作过程中对螺母有损害的部位，避免接触螺母的六角形外表面尖角，因此扳手就无法破坏螺母的六角形外表面。改进后的扳手如图 9-45 所示。

2. 折叠自行车的改进（图 9-46）

一般的折叠自行车有车架折叠关节和立管折叠关节构成。通过车架折叠，将前后两轮对折在一起，可减少约 45% 的长度。整车在折叠后可放入登机箱、折叠包以及汽车的后备箱内。在折叠过程中也不需要借助外来工具，可手动将车折叠、展开。因此，折叠自行车在减小其体积的同时不改变使用时的基本形态，保证其强度、稳定性和使用时的可靠性。

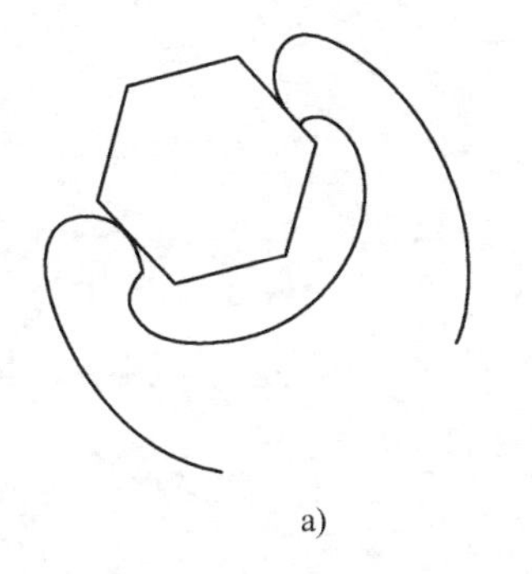

a)

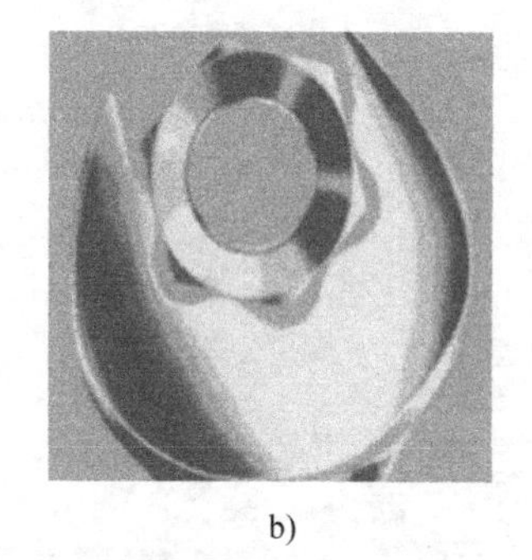

b)

图 9-45　改进后的扳手

为增加自行车新的使用乐趣，使其不只是简单的折叠，而是在折叠之后产生新的功能。利用相关的创新原理与方法，对自行车进行改进，如图 9-47 所示，通过构件的拼接将自行车折叠之后形成一个小型的手推车，这样进行入超市时避免了存车的麻烦，更加便携。

图 9-46　折叠自行车

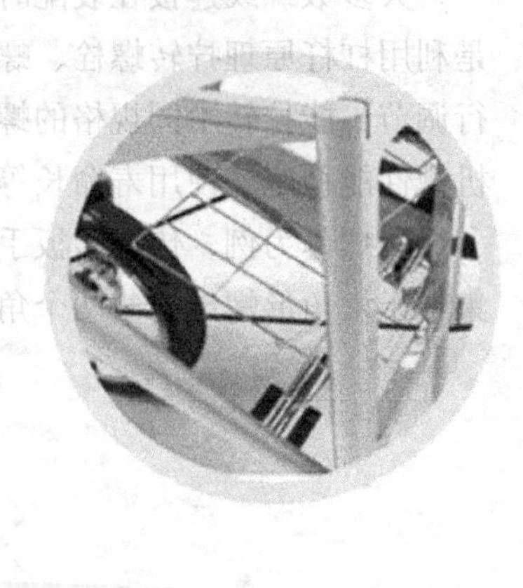

图 9-47　折叠后的自行车有手推车功能

实验报告九

实验名称：____________　　实验日期：____________

班级：____________　　姓名：____________

学号：____________　　同组实验者：____________

实验成绩：____________　　指导教师：____________

（一）实验目的

（二）实验方案设计

根据实验内容，选择和构思机构运动方案。要求画出其运动简图，说明其运动传递情况，并就该机构的应用作简要说明。

机构名称	机构运动简图	运动特点及应用

（三）实验结果分析

1）按比例尺寸绘制实际拼装的机构运动方案简图，并在简图中标注实测所得的机构运动学尺寸。

2）简要说明机构杆组的拆组过程，并画出所拆机构的杆组简图。

3）观察分析拼装机构的运动情况，简要说明从动件的运动规律，分析拼装机构的实际运动情况是否符合设计要求。

4）通过实验分析原设计构思的机构运动方案是否还有缺陷，应如何进行修正和弥补。若利用不同的杆组进行机构拼装，还可得到哪一些有创意的机构运动方案？用机构运动简图示意创新机构运动方案并简要说明理由。

(四) 思考问答题

1. 拼接过程中应注意哪些问题？

2. 在机构设计中如何考虑机构替代问题？

3. 拼接中是否发生干涉？有无“憋劲”现象？产生干涉、憋劲的原因是什么？应采取什么措施消除？

4. 你所拼接的机构属于何种形式的平面机构？具有什么特性？

5. 分析你所拼接机构的运动，计算其中一点（如各杆件的连接处）在特殊位置的速度及加速度。

(五) 实验心得、建议和探索

参考文献

[1] 杨洋．机械设计基础实验教程[M]．北京：高等教育出版社，2008.

[2] 朱东华，樊智敏．机械设计基础[M]．北京：机械工业出版社，2007.

[3] 郝创博．浅析齿轮泵中变位齿轮的运用[J]．工程技术，2011(15)：28.

[4] 黄美花．变位齿轮在采煤机直齿传动中的应用[J]．黑龙江科技信息，2007(18)：28.

[5] 林秀君，吕文阁，成思源，等．机械设计基础实验指导书[M]．北京：清华大学出版社，2011.

[6] 王旭．机械原理实验教程[M]．济南：山东大学出版社，2006.

[7] 赵丽清，潘志国．数字图像处理在齿轮参数测量系统中的应用[J]．青岛农业大学学报(自然科学版)，2008，25(3)：143-146.

[8] 郭敏，王细洋，龙亮．基于三坐标测量机的齿轮参数测量方法研究[J]．工具技术，2011，45(12)：63-65.

[9] 朱聘和，王庆九．机械原理与机械设计实验指导[M]．杭州：浙江大学出版社，2010.

[10] 刘杰．机械设计基础实验——机械设计基础实验分册[M]．西安：西北工业大学出版社，2010.

[11] 董雪花．电动往复锯机械传动机构的主运动参数计算[J]．电动工具，2003(3)：1-3.

[12] 侯海啸，苏明．飞机着陆道面段运动参数图像测量技术[J]．电光与控制，2009，16(2)：67-70.

[13] 李安生，杜文辽，朱红瑜，等．机械原理实验教程[M]．北京：机械工业出版社，2011.

[14] 王为，喻全余．机械原理与设计实验教程[M]．武汉：华中科技大学出版社，2011.

[15] 陈修祥，马履中．两平移两转动多自由度减振平台设计与试验[J]．农业机械学报，2007，38(9)：122-125.

[16] 翁海珊．机械原理与机械设计课程实践教学选题汇编[M]．北京：高等教育出版社，2008.

[17] 雷辉，李安生，王国欣，等．机械设计基础实验教程[M]．北京：机械工业出版社，2011.

[18] 薛铜龙．机械设计基础实验教程[M]．北京：中国电力出版社，2009.

[19] 马薇，乔卫东．水轮发电机转子不平衡测试分析[J]．大电机技术．2005(2)：10-12.

[20] 邓旺群，王桢．涡轴发动机动力涡轮转子平衡状态影响因素试验研究．航空发动机，2012，38(6)：48-52.

[21] 任济生．机械设计基础实验教程[M]．济南：山东大学出版社，2005.

[22] 胡思宁，芦书荣．机构运动创新设计实验的实践与探索[J]．科技信息，2008(19)：202-204.